数字化转型理论与实践系列丛书

城市信息模型平台
顶层设计与实践

包世泰　陈顺清　彭进双　编著

电子工业出版社·

Publishing House of Electronics Industry

北京·BEIJING

内 容 简 介

本书从顶层设计角度总结了 CIM 平台的设计方法、需求分析、总体设计等内容。本书内容包括概论、CIM 平台设计方法、CIM 平台需求分析、CIM 平台总体设计、CIM 基础平台设计、CIM 典型应用设计、实施路径设计、CIM 平台设计案例、总结与展望，可指导 CIM 平台设计和落地建设。第 1 章从相关技术背景和概念切入，阐述了 CIM 平台概念、特征和应用范畴。第 2 章明确了 CIM 平台设计的理论与方法。第 3 章从国家发展战略与目标着手，剖析了当前业务应用、信息系统、数据资源的现状、需求及差距，梳理了 CIM 平台需求。第 4 章介绍了 CIM 平台的建设目标、总体架构与技术路线。第 5 章探析了 CIM 基础平台的数据架构、功能架构、基础设施架构、安全体系架构和标准体系五个方面建设内容。第 6 章探讨了 CIM 典型应用设计。第 7 章指明了 CIM 平台建设实施路径方法。第 8 章介绍了试点城市/区域的 CIM 平台设计案例。第 9 章总结了 CIM 平台建设难点、发展机遇，并展望了 CIM 平台未来发展趋势。

本书从顶层设计角度围绕 CIM 平台架构、功能、数据、应用等建设内容进行研究与分析，将试点城市/区域 CIM 平台设计的案例进行总结提炼，可供从事智慧城市规划、设计、建设和运营管理的人员参考，也可供高等院校相关专业人员阅读。

图书在版编目（CIP）数据

城市信息模型平台顶层设计与实践 / 包世泰，陈顺清，彭进双编著. —北京：电子工业出版社，2023.5（数字化转型理论与实践系列丛书）

ISBN 978-7-121-45451-6

Ⅰ . ①城… Ⅱ . ①包… ②陈… ③彭… Ⅲ . ①城市规划 - 信息化 - 系统设计 - 中国 Ⅳ . ①TU984.2-39

中国国家版本馆 CIP 数据核字（2023）第 070751 号

责任编辑：张 迪（zhangdi@phei.com.cn） 特约编辑：田学清
印　　刷：三河市君旺印务有限公司
装　　订：三河市君旺印务有限公司
出版发行：电子工业出版社
　　　　　北京市海淀区万寿路 173 信箱　　　　邮编：100036
开　　本：787×1092　　1/16　　印张：15.5　　字数：311 千字
版　　次：2023 年 5 月第 1 版
印　　次：2023 年 5 月第 1 次印刷
定　　价：98.00 元

凡所购买电子工业出版社图书有缺损问题，请向购买书店调换。若书店售缺，请与本社发行部联系，联系及邮购电话：（010）88254888，88258888。

质量投诉请发邮件至 zlts@phei.com.cn，盗版侵权举报请发邮件至 dbqq@phei.com.cn。

本书咨询联系方式：（010）88254469，zhangdi@phei.com.cn。

前　言

城市信息模型（CIM）是城市空间物质实体的数字化表达，是融合了社会实体、监测感知和建设过程信息构建的多维、多尺度、多时态城市信息有机综合体。CIM 平台是管理各类 CIM、构建智慧城市的三维数字底座，是为城市规划、建设、管理和运行等应用提供基础支撑的信息平台，是现代城市的新型基础设施。CIM 平台建设是推动城市精细管理、智能协同治理，促进城市数字化转型和高质量发展的重要抓手；是推动我国数字经济转型与创新发展的核心驱动；也是贯彻落实"网络强国、数字中国、智慧社会"战略的重要部署。自 2018 年我国开始推进 CIM 平台建设试点工作后，相关部门密集出台了一系列推动 CIM 平台建设进程的政策文件和鼓励措施，我国 CIM 平台发展逐渐进入高速发展的快车道，各地 CIM 平台建设项目纷纷立项。

CIM 平台建设涵盖现状调研、需求分析、数据库建设、功能设计、安全运维管理机制等工作，应用涉及面广、技术新、难度大。尽管 CIM 平台已积累了试点先行先试的实践工作经验，但仍处于探索发展阶段，平台设计落地依旧要面对建设技术路径尚未形成共识、关键软件自主研发创新能力薄弱、信息共享安全保障挑战大等多方面难题，这些难题共同决定了 CIM 平台建设应用是一项探索周期长、具有系统性和复杂性的工程。因此，要运用系统思维及科学方法开展 CIM 平台顶层设计工作，以期形成一整套赋能 CIM 平台建设的解决方案，以对各地 CIM 平台的建设和实践提供参考和借鉴，避免盲目建设和方法不当带来的损失。这对于促进 CIM 平台建设逐步走向科学化、合理化和实用化具有重要意义。

本书内容包括概论、CIM 平台设计方法、CIM 平台需求分析、CIM 平台总体设计、CIM 基础平台设计、CIM 典型应用设计、实施路径设计、CIM 平台设计案例、总结与展望，可指导 CIM 平台设计和落地建设。第 1 章从相关技术背景和概念切入，阐述了 CIM 平台概念、特征和应用范畴。第 2 章明确了 CIM 平台设计的理论与方法。第 3 章从国家发展战略与目标着手，剖析了当前业务应用、信息系统、数据资源的现状、需求及差距，梳理了 CIM 平台需求。第 4 章介绍了 CIM 平台的建设目标、总体架构与技术路线。第

5 章探析了 CIM 基础平台的数据架构、功能架构、基础设施架构、安全体系架构和标准体系五个方面建设内容。第 6 章探讨了 CIM 典型应用设计。第 7 章指明了 CIM 平台建设实施路径方法。第 8 章介绍了试点城市/区域的 CIM 平台设计案例。第 9 章总结了 CIM 平台建设难点、发展机遇，并展望了 CIM 平台未来发展趋势。

　　本书从顶层设计角度围绕 CIM 平台架构、功能、数据、应用等建设内容进行研究与分析，对试点城市/区域 CIM 平台设计的案例进行总结提炼，研究成果可供行业参考与借鉴。由于 CIM 尚属于新兴领域，技术在不断发展完善，所以书中难免存在不足之处，敬请读者指正。

编著者

目　　录

第1章

概论

1.1 城市信息模型背景

我国城市信息化发展迅猛，"数字城市""智慧城市"和"数字孪生城市"等新概念不断涌现，相关政府部门先后推动建设了"数字城市地理空间框架"和"智慧城市时空信息云平台"等信息化平台。与此同时，IT 领域出现了物联网、云计算、数字孪生、人工智能等大量新兴技术，建设行业开始广泛应用建筑信息模型技术，由此催生了数字化表达建筑、设施、资源与环境等实体及城市规划建设管理全过程的城市信息模型（City Information Modeling，CIM）。近年来，政产学研联合推动了 CIM 平台建设与快速发展。

1.1.1 数字城市地理空间框架

数字城市地理空间框架是空间信息基础设施的重要组成部分，是经济社会信息化发展的基础平台。早在 2003 年我国就高度重视空间信息基础的建设，相关测绘部门开始推进数字中国地理空间框架建设，加快信息化测绘体系建设，提高测绘保障服务能力。原国家测绘局从立法、政策、规划与标准制定等方面入手，全面开展了数字中国地理空间框架建设，在《关于开展数字城市地理空间框架建设试点工作的通知》（国测国字〔2006〕18 号）中提出了开展数字城市建设试点工作的原则、主要目标、基本内容、基本条件和程序，由此全国 300 多个地级以上城市和 300 多个县级市陆续开展了地理空间框架建设工作。2006 年，国家测绘局和国务院信息化工作办公室联合印发《关于加强数字中国地理空间框架建设与应用服务的指导意见》（国测国字〔2006〕35 号），以加快数字中国地理空间框架建设，促进地理信息资源开发、整合、共享和应用。2013 年，国家测绘地理信息局印发《关于加快数字城市地理空间框架建设全面推广应用的通知》（国测国发〔2013〕27 号），强调要加快数字城市建设进程，大力开展数字城市地理空间框架建设成果推广应用。GB/T 30317—2013《地理空间框架基本规定》规定地理空间框架为："地理信息数据及其采集、加工、交换、服务所涉及的政策、法规、标准、技术、设施、机制和人力资源的总称，由基础地理信息数据体系、目录与交换体系、公共服务体系、政策法规与标准体系和组织运行体系等构成。"地理空间框架的构成如图 1-1 所示。

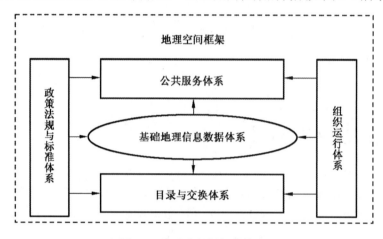

图 1-1　地理空间框架的构成

地理空间框架建设是"数字城市"建设的支撑体系与核心内容，其目的是为"数字城市"提供统一、权威的地理空间信息公共平台，实现城市信息资源的整合和共享，避免重复投入、重复建设。同时，地理空间框架还可用来解决定位基准、技术标准不统一导致的信息孤岛等问题，提升信息综合利用的水平和能力，推动城市信息化进程，以及为"数字城市"的发展打下坚实的基础[1]。

1.1.2　智慧城市时空信息云平台

根据我国新型城镇化发展的进程与需求，原国家测绘地理信息局发布相关文件，提出在既有数字城市地理空间框架的基础上，实现智慧时空基准、时空大数据、时空信息平台、集约云环境四个方面的提升，促使数字城市向智慧城市发展。2012 年，国家测绘地理信息局启动"智慧城市时空信息云平台"建设试点，2013 年编制《智慧城市时空信息云平台建设试点技术指南》，2015 年发布《智慧城市时空信息云平台建设技术大纲》和《智慧城市时空信息云平台建设评价指标体系》，2017 年修订发布了《智慧城市时空大数据与云平台建设技术大纲》。2019 年自然资源部修订并发布《智慧城市时空大数据平台建设技术大纲》。这些技术文件均用于指导开展城市时空大数据/信息云平台构建，规范和引导智慧城市空间信息化发展。

根据《智慧城市时空大数据与云平台建设技术大纲》的规定，时空基础设施建设内容包括时空基准、时空大数据、时空信息云平台、支撑环境。其中，时空大数据和时空信息云平台是智慧城市基础设施建设的核心内容。随着数字城市地理空间框架转型升级为智慧城市时空基础设施，相应要实现"四个提升"，即空间基准提升为时空基准，基础地理信息数据库提升为时空大数据，地理信息公共平台提升为时空信息云平台，支撑环境由分散的服务器集群提升为集约的云环境。相比地理空间框架中基础地理信息数据库和地理信息公共平台分别部署在不同网络环境，信息交换需跨网摆渡，时空基础设施中的时空大数据和云平台则可部署在同一云环境中。时空基础设施与地理空间框架的构成与历史联系如图 1-2 所示。

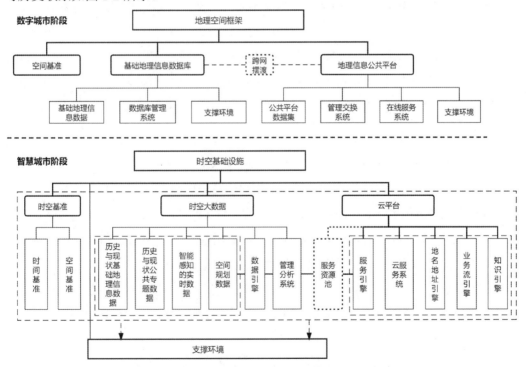

图 1-2　时空基础设施与地理空间框架的构成与历史联系

随着新型智慧城市规划建设的深入，济宁市、宁波市、武汉市、重庆市、雄安新区、郑州市、云南省等大批省市相继启动了智慧城市时空信息云平台建设工作。2017 年 10 月底我国首个智慧城市时空信息云平台——"智慧武汉时空信息云平台"建成。2017 年 11 月国家试点项目——"智慧重庆时空信息云平台"通过验收，该平台以云计算、物联网、大数据、智能计算、移动互联网等新型技术为依托，是重庆市信息化建设的重要时空基础设施和全市社会公共信息资源共享交换的唯一权威平台。

目前，我国正在城市层面探索建设基于城市时空大数据的云平台，将城市相对宏观静态的地理空间信息模型（GIM）与相对微观静态的建筑信息模型（BIM）和城市动态运营的社会感知信息模型（SIM）有机集成，并在云地理信息系统技术环境下，构建多维度的城市信息模型，旨在实现新型数字孪生城市由单向到双向、由二维到三维、由静态到动态的转化，为城市的智慧空间治理提供时空大数据和空间分析技术支撑。

1.1.3 数字孪生城市

数字孪生英文名叫 Digital Twin，也被称为数字映射、数字镜像，是近些年新兴的热门概念，标准化组织和学术界对数字孪生有不同的定义。国际标准化组织将数字孪生定义为具有数据连接的特定物理实体或过程的数字化表达，该数据连接可以保证物理状态和虚拟状态之间的同速率收敛，并提供物理实体或流程过程的整个生命周期的集成视图，有助于优化整体性能。学术界则认为数字孪生是以数字化方式创建物理实体的虚拟实体，借助历史数据、实时数据及算法模型等，模拟、验证、预测、控制物理实体全生命周期过程的技术手段[2]。

"数字孪生"的概念最早起源于美国国家航空航天局（NASA）为"阿波罗计划"在地面创建的物理上相同的系统，以匹配太空中的系统；2003 年前后，关于数字孪生的设想首次出现于美国密歇根大学的产品全生命周期管理课程（Product Lifecycle Management）中；2010 年，"Digital Twin"一词在 NASA 的技术报告中被正式提出；2012 年，美国国家航空航天局与美国空军联合发表了关于数字孪生的论文，重点将其应用于未来飞行器发展。近年来，得益于物联网、大数据、云计算、人工智能等新一代信息技术的发展和应用，数字孪生得到越来越广泛的传播，数字孪生的实施已逐渐成为可能，这也使数字孪生城市应运而生。

近年来各国开始重视数字孪生城市建设，将数字孪生上升为国家战略积极推进。2019 年，德国"工业 4.0"参考框架将数字孪生作为重要内容。2020 年 4 月，英国重磅发布《英国国家数字孪生体原则》，讲述构建国家级数字孪生体的价值、标准、原则及路线图，以便统一各行业独立开发数字孪生体的标准，实现孪生体间高效、安全的数据共享，释放数据资源整合价值，优化社会、经济、环境发展方式。2020 年 2 月，美国工业互联网联盟将数字孪生作为工业互联网落地的核心和关键，正式发布《工业应用中的数字孪生：定义、行业价值、设计、标准及应用案例》白皮书[3]。2020 年 5 月，美国组建数字孪生联盟，联盟成员跨多个行业进行协作，相互学习，并开发各类应用。

数字孪生城市是利用数字孪生技术对城市进行抽象建模，基于物理城市再造一个与之精准映射、匹配对应的虚拟城市，形成物理维度上的实体城市和信息维度上的虚拟城市同生共存、虚实交融的城市发展形态。目前，已有部分城市政府开始将数字孪生的理念融入城市建设和管理中，开展数字孪生城市建设的探索。2015 年，新加坡政府和达索系统公司宣布合作开发"虚拟新加坡"，构建新加坡城市 3D 数字模型，建立具有动态、静态数据和可视化技术的协作平台，用于城市规划、维护和灾害预警项目[4]。2019 年，法国大力推进数字孪生巴黎建设，打造数字孪生城市样板，利用虚拟教堂模型助力巴黎圣母院重建。2018 年，《河北雄安新区规划纲要》发布，该文件指出要在雄安新区推进 BIM 管理平台建设，平台将建立不同阶段的城市空间信息模型和循环迭代规则，采取 GIS 和 BIM 融合的数字技术记录新区成长的每一个瞬间，结合 5G、物联网、人工智能等新型基础设施的建设，逐步建成一个与实体城市完全镜像的虚拟城市。

数字孪生城市是城市智慧化建设的重要设施，数字孪生城市建设将在更高水平和高层次上取得进展，并成为城市治理模式创新的关键发力点。2020 年，《国家发展改革委 中央网信办印发〈关于推进"上云用数赋智"行动 培育新经济发展实施方案〉的通知》（发改高技〔2020〕552 号），首次指出数字孪生体是七大新一代数字技术之一，其他六种技术为大数据、人工智能、云计算、5G、物联网和区块链。"十四五"规划纲要也明确提出将物联网感知设施、通信系统等纳入公共基础设施统一规划建设，完善城市信息模型平台，探索建设数字孪生城市，指明了未来一段时间内城市信息模型建设的任务与方向。这表明城市信息模型平台与数字孪生城市密切相关，通过 CIM 平台汇聚数据、构建城市数据资源体系，这将为数字孪生城市建设奠定基础。

融合城市运营动态数据（比如人口普查、社会经济、能源消耗等）和虚拟 3D 城市信息模型是数字孪生城市的基础与核心[5]（见图 1-3），在此基础上虚拟城市与实体城市要建立全面实时的联系，从而实现对城市系统要素全生命周期的数字化记录、对城市状态的实时感知及对城市发展的智能干预和趋势预测。随着城市数据大脑、城市运营管理平台、时空大数据云平台、国土空间基础信息平台等平台的建设，它们将以 CIM 平台为基础，有序对接互通，实现城市全域数据的汇聚应用、数字化映射和可视化运行，基于 CIM 平台的城市数字孪生体也将加快构建，助力形成"联动指挥、协同处置、科学决策"的城市智能化、数字化治理模式。

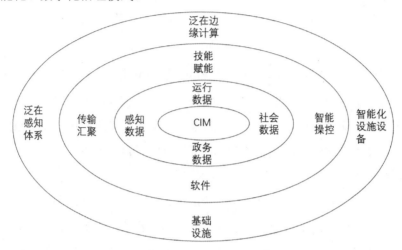

图 1-3 CIM 与数字孪生城市的关系

1.1.4 建筑信息模型、物联网与人工智能技术

城市是我国经济社会发展的重要引擎，也是扩大内需的主要战场，为新一代信息技术提供了最广阔的应用场景和创新空间。根据住房和城乡建设部（简称住建部）牵头印发的《关于加快推进新型城市基础设施建设的指导意见》，要运用建筑信息模型、物联网、人工智能等技术推动城市管理手段、管理模式、管理理念创新，从数字化到智能化再到智慧化，让城市更聪明一些、更智慧一些，这是推动城市治理体系和治理能力现代化的必由之路。

1.1.4.1 建筑信息模型

建筑信息模型技术始于 1974 年，当时以"建筑描述系统(BDS)"为名被提出，用于存储建筑设计信息，包含所有建筑要素或空间。1987 年，BIM 技术首次在信息系统中实现，被命名为"虚拟建筑"。1992 年，BIM 这一术语正式出现并因 Autodesk 公司的产品白皮书将其描述为将信息技术应用于建筑业的产品策略而被普遍接受，其被认为建筑设计及相关应用领域的一种顶尖技术。21 世纪初期，BIM 建模技术被用于在试点工程中支持建筑师和工程师的建筑设计工作，之后主流研究主要集中于将 BIM 应用于规划的改进、设计、碰撞检测、可视化、量化、成本估算和数据管理中。BIM 发展到今天，不同行业的人对这个概念的本质仍然存在多种不同的认识。ISO12006—2:2015 给出了房屋建筑信息概念模型（见图 1-4），该模型是描述用户管理和利用建筑空间，在工程项目全生命周期过程中使用建造资源完成建造的过程。用户活动和功能需求的文件编制构成了建造过程中所需信息的重要部分；建造过程有四个主要阶段，即预设计阶段、设计阶段、生产阶段、维护阶段；建造资源的组成可以是建筑产品、建设工具、建设代理和建设信息；建筑实体可以满足用户行为和功能要求，它们可以聚合成建筑群。建筑实体由建筑构件组成，建筑构件可以构成建筑群的几个不同层次。

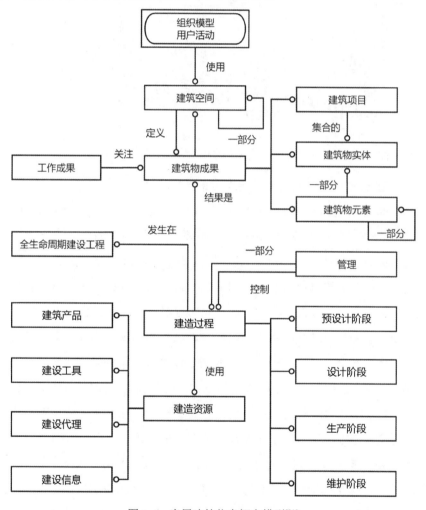

图 1-4　房屋建筑信息概念模型[21]

美国国家 BIM 标准对 BIM 的定义：BIM 是设施的物理和功能特征的数字化表示，它可以用作设施信息的共享知识资源，成为设施全生命期决策的可靠基础。我国国家标准 GB/T 51235—2017《建筑信息模型施工应用标准》将其定义为：在建筑工程及设施全生命周期内，对其物理和功能特性进行数字化表达，并依此设计、施工、运营的过程和结果的总称。建筑信息模型应用示意图如图 1-5 所示。

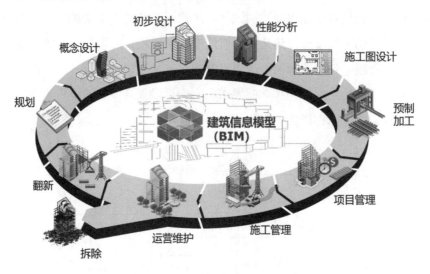

图 1-5　建筑信息模型应用示意图

2015 年住建部发布了《关于推进建筑信息模型应用的指导意见》，2016 年交通运输部发布的十大重大技术方向和技术政策中，建筑信息模型（BIM）位于第一位。2016 年，住建部在《2016—2020 年建筑业信息化发展纲要》中提出："'十三五'时期，全面提高建筑业信息化水平，着力增强 BIM、大数据、智能化、移动通信、云计算、物联网等信息技术集成应用能力，建筑业数字化、网络化、智能化取得突破性进展，初步建成一体化行业监管和服务平台，数据资源利用水平和信息服务能力明显提升，形成一批具有较强信息技术创新能力和信息化应用达到国际先进水平的建筑企业及具有关键自主知识产权的建筑业信息技术企业。"2017 年，《国务院办公厅关于促进建筑业持续健康发展的意见》（国办发〔2017〕19 号）提出："加快推进建筑信息模型（BIM）技术在规划、勘察、设计、施工和运营维护全过程的集成应用，实现工程建设项目全生命周期数据共享和信息化管理，为项目方案优化和科学决策提供依据，促进建筑业提质增效。"《住房和城乡建设部等部门关于推动智能建造与建筑工业化协同发展的指导意见》（建市〔2020〕60 号）明确提出："加快推动新一代信息技术与建筑工业化技术协同发展，在建造全过程中加大建筑信息模型（BIM）、互联网、物联网、大数据、云计算、移动通信、人工智能、区块链等新技术的集成与创新应用。"未来随着智能建造与建筑工业化协同发展，建设工程全生命周期（立项用地规划阶段、建设工程规划许可阶段、施工许可阶段、竣工验收阶段、运营管理阶段、拆除或改造阶段）信息管理作为建筑工业化、数字化、智能化升级的重要一环，也将在行业精准治理、建筑市场发展中发挥更大的作用。

通过 BIM 技术可以有效地实现建筑信息的集成，如果说城市是生命体，那么建筑就是构成生命组织的细胞，因此从 BIM 到 CIM 是从单个细胞到复杂生命体的转变。相比过去的工程建设项目重点关注单体 BIM 应用，CIM 更加强调城市系统整体，包括其空间与实体抽象、可视表达、计算分析、模拟预测和共享应用等。CIM 不但包括工程建设过程中的小尺度（项目级）的规划、建设（施工）和竣工 BIM，而且还包括城市大尺度的资源与环境、建筑与设施数字孪生的模型，能够构建城市多尺度多维度立体数字底版，支撑城市能源、环境、交通、基础设施等系统；连接城市真实世界的传感网络，把握城市运行动态，为城市精细化、智能化管理提供支撑。

1.1.4.2　物联网

物联网（The Internet of Things，IoT）这一概念由美国麻省理工学院自动识别中心于 1999 年提出，它指通过射频识别（RFID）技术将物品与互联网相连，从而对物品进行高效管理的技术。2005 年，在信息社会世界峰会上，国际电信联盟对物联网概念进行扩展，提出通过射频识别、传感器和纳米技术等方式实现在任何时间、任何地点，以及任何物品均与互联网连接，万物相连形成物联网[6]。2009 年欧盟发布《物联网——欧洲行动计划》，在世界范围内首次系统性提出物联网的发展构想[7]；IBM 首席执行官 Samuel J.Palmisano 提出了"智慧地球"设想，将信息传感设备安装到桥梁、铁路、电网等各种物体并连接网络，实现任何物体的数字化互联。

智慧城市借助物联网强大的监控功能，对城市的建筑与设施、资源与环境动态进行监测，还能动态汇聚城市规划、建设和管理信息，有机整合城市规划空间和运营等信息，可辅助城市规划管理部门开展城市资产统计测量、开发审批等业务[8]。智能电网将物联网应用于发电、配电和用户用电的环节，可实现对电能的优化配置，有效提高电能的利用率和电网运行的稳定性[9]。智能交通利用自动控制、传感技术实现对交通的实时指挥和控制，能够很好地减少交通拥堵，降低交通事故的伤亡率，减少汽车尾气排放[10]。智能物流借助 RFID、GPS 和互联网技术进行全自动智能配送及可视化管理，帮助企业优化采购、运输及存储环节，从而提高能源利用效率、减少废弃物排放[11]。此外，物联网技术在医疗管理、生态监控等领域也有较好的应用。可以说，物联网应用涵盖了社会生活的各个领域，并以惊人的速度推动人们的生产和生活方式变革。

1.1.4.3 人工智能

人工智能（Artificial Intelligence，AI）是近年科学技术研究的热点，但有比较长的发展史。1956 年在达特茅斯会议上，MarvinMinskey、JohnMcCarthy 等科学家围绕"机器模仿人类的学习及其他方面变得智能"展开讨论，并明确提出了"人工智能"一词[12]。人工智能的发展经历了两次发展热潮。第一次是 1956—1966 年，代表性工作有：1956 年，Newell 和 Simon 在定理证明工作中首先取得突破，开启了以计算机程序来模拟人类思维的道路[13]；1960 年，McCarthy 建立了人工智能程序设计语言 LISP[14]。上述工作成功使人工智能科学家们认为可以研究和总结人类思维的普遍规律并用计算机模拟它，并乐观地预计可以创造一个万能的逻辑推理体系。第二次是 20 世纪 70 年代中期至 20 世纪 80 年代末，在 1977 年第五届国际人工智能联合会会议上，Feigenbaum 教授在特约文章《人工智能的艺术：知识工程课题及实例研究》中系统地阐述了专家系统的思想，并提出"知识工程"的概念[15]。至此，人工智能的研究又有了新的转折点，即从获取智能是基于能力的策略变成了基于知识的策略。此后，人工智能进入平稳发展期。

机器学习与深度学习是人工智能的常用技术，它们可侦测识别城市空间现象，辅助城市设计与决策。使用多源数据与深度学习，可大规模快速识别土地性质，检测城市空间结构，如结合谷歌地图、街景数据与 OpenStreetMap 可准确描述与预测城市项目的土地使用类别[16]。在交通领域，人工智能模型可研究路径选择、通行时间、通勤特征等交通行为，提高交通规划的可持续性，如基于随机森林算法分类器，可根据出行特征与土地利用特征预测人们的出行目的，优化线网与土地布局[17]；还可协助车辆调度、智慧提醒路况、预测交通流量、控制交通信号[18]，以减少拥堵与污染，实现可持续最优通行。

技术应用并非完全独立，物联网、云计算、人工智能等热门技术常常组合应用。例如，基于物联网、云计算、大数据与机器学习，开发智慧服装，监测使用者健康状态，结合移动医疗云平台提供健康引导、医疗急救与情感关怀等[19]。环境感知、大数据、云计算、5G 通信、人工智能、高精度地图与定位等技术构成智能网联汽车技术链[20]，推动了无人驾驶技术发展。

物联网技术提供了城市建设与运行的动态感知数据，云计算与边缘计算提供了城市数据分布式计算分析的算力，人工智能为人们利用众多城市数据实现特定领域决策分析和应用提供了技术手段。物联网、大数据、云计算和人工智能等技术不断发展进步，这些技术支撑着 CIM 平台的建设和应用，使城市具有智能协同、资源共享、互联互通、全面感知的特点，推动城市管理向智能化、信息化方向发展。

1.2　城市信息模型框架与特征

随着 5G、物联网、边缘计算、云计算、人工智能等新兴技术的不断成熟，我国城市治理与高质量发展的内生需求不断高涨，数字城市正加快向智慧城市转型升级。原有城市信息化的成果在打通部门"信息烟囱"、构建城市直观精细"数字底座"、支撑城市规划建设管理全过程协同等方面的短板日渐明显，此时城市信息模型应运而生。

1.2.1　CIM 框架

城市是人类生活、工作、娱乐和成长的物理空间与物质载体，可提供安全保卫、公共服务、民生保障等服务，包含政府部门、企事业单位和社会公众等社会实体，也包含人类赖以生存的水、空气、河流、山川、地表、土壤、光、热、动植物等资源与环境，以及人类为适应自然和改造自然所创建的房屋、建筑、马路、铁路、河坝、管道、廊道等建筑与设施。人们通过对城市不断进行规划、建设、运营和管理，并利用监测感知的手段获取资源环境、建筑设施、城市空间的动态变化，来掌控城市运行动态和发展过程。作为对城市进行抽象和数字表达的城市信息模型，目前其概念及范围边界仍在研究探索之中，这里参考建筑信息概念模型[21]进行解析，笔者提出的 CIM 概念框架如图 1-6 所示，笔者认为 CIM 包括社会实体、物理实体、城市空间、信息实体、过程（协作）和监测感知六个部分，这也基本明确了城市信息模型的范围边界。

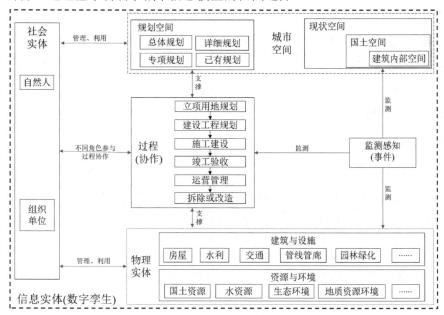

图 1-6　CIM 概念框架[22]

在城市规划、建设和管理运营等需求驱动下，社会实体管理和利用城市空间与物理实体；社会实体以不同角色参与规划建设和管理全周期过程，即以工程建设项目为单元开展规划、建设和管理运营的协作过程；社会实体采用物联网技术对建筑与设施、资源与环境、现状与空间进行监测感知，以把握城市运行状态。社会实体、城市空间、物理实体、过程、事件等及相关关系数字孪生形成了信息实体，共存于城市信息模型中。

当然，也有一些专家学者认为图 1-6 所示的 CIM 概念框架揭示的范围太小，可能并不足成为智慧城市的内核或底座。例如，2020 年 Lehner 等人将 CIM 视作城市尺度的数字孪生体，期望 CIM 在大数据、人工智能等新技术的驱动下实现数字模型和物理实体之间的智能交互[23]。也有一些专家学者认为图 1-6 所示的 CIM 概念框架揭示的范围太大，CIM 应仅对城市对象进行数字化描述和表达，并不包含城市规划建设管理过程、社会实体、监测感知等关联信息，相当于是在原来城市三维模型的基础上整合了更小尺度的建筑信息模型，仅针对城市建筑、设施、资源与环境等物理实体的数字化描述和表达，这相当于是对城市信息模型的具象化理解。

1.2.2 CIM 概念

2020 年 9 月住房和城乡建设部发布的《城市信息模型（CIM）基础平台技术导则》提出了一个 CIM 定义，即 CIM 是"以建筑信息模型（BIM）、地理信息系统（GIS）、物联网（IoT）等技术为基础，整合城市地上地下、室内室外、历史现状未来多维多尺度信息模型数据和城市感知数据，构建三维数字空间的城市信息有机综合体"[24]。这个概念虽然得到了广泛的传播与行业的认同，但只是从数据角度基本明确了 CIM 内容和边界，即 CIM 数据包括时空基础数据、资源调查数据、规划管控数据、工程建设项目数据、公共专题数据和物联感知数据六大门类，其表明 CIM 边界与图 1-6 中的框架范围基本吻合。

不少专家学者继续研究探讨了 CIM 概念与内涵，如季珏、汪科、王梓豪等专家提出 CIM 是"孪生城市空间信息模型"和"城市全生命周期管理平台"，是从空间维度、时间维度和感知维度对城市空间全要素高精度模型的表达[25]。这里，我们认为城市信息模型是城市物质空间对象的数字化描述和表达，并融合社会实体、监测感知和建设过程信息构建的多维、多尺度、多时态城市信息有机综合体。城市信息模型的构成和特征如图 1-7 所示。

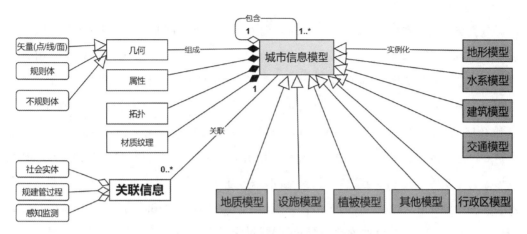

图1-7 城市信息模型的构成和特征

（1）CIM既是一个抽象的集合，也是具象化的模型对象，其可以嵌套包含一个以上具体的模型实例，亦可按分类分级原则分解成更细微的模型单元，以表达多类别多尺度的物理实体。

（2）CIM实例是对地形、水系、建筑、交通、设施、植被、行政区和地质等类别空间对象数字孪生的模型对象。

（3）每类CIM对象均由几何、属性、拓扑和材质纹理四个部分构成，其中的几何具体有二维的矢量（点/线/面）、三维的规则体和不规则体。

（4）CIM以模型对象为载体，融合了社会实体、规建管过程和感知监测等关联信息，完整地描述城市关联信息与发展动态。

1.2.3 CIM分类

从某种角度而言，BIM是CIM的细胞单元，将建筑、市政、道桥、水利、园林等要素的BIM组合起来，打通它们之间的关联，就构成了CIM，CIM的分类可借鉴BIM分类。目前，国内外对BIM分类的研究较为完善成熟[26、27]，文献[26]探析了BIM建筑功能分类编码及扩展路径；ISO 12006—2[21]定义了BIM的模型框架，并给出了BIM分类的方法论，指出建设项目全生命期信息一般应包括建设成果、建设过程及建设资源；美国的Omniclass与Uniclass为目前建设全生命期的主流编码体系，二者均采用面分类法将工程建设过程相关内容分解为多个维度，在各维度内采用线分类法将概念按层次分解，从顶层设计角度对建筑全生命周期涉及的所有内容，按施工单位功能、形式、细分（包括设计元素）、工作结果、产品、阶段、服务、学科、组织角色、工具、信息、物质、属性等分类法进行分类[28]；我国国标 GB/T 51269—2017《建筑信息模型分类和编码》[26]以 ISO12006—2 为基础进行了拓展，从建设成果、进程、资源、属性几个维度对 BIM 进行分类；张志伟等人[27]针对水电工程分类编码应用现状和信息化发展需求，提出了水电工程全生命周期内线分类与面分类的编码扩展方法。在上述 BIM 标准的分类基础上，考虑到 CIM 需完整地描述结构复杂的城市系统，以领域扩展思路对 CIM 采用面分类法进行扩展，包含成果、进程、资源、特性和应用五大维度。其中成果包括按功能分建筑物、按形态分建筑物、按功能分建筑空间、按形态分建筑空间、BIM 元素、工作成果、模型内容 7 种分类，前 6 种引用 GB/T 51269—2017 附录 A.0.1～A.0.6 的分类，模型内容参考 GB/T 13923—2022《基础地理信息要素分类与代码》和 CJJ 157—2010《城市三维建模技术规范》分类；进程包括工程建设项目阶段、行为、专业领域、采集方式 4 种分类，前 3 种引用 GB/T 51269—2017 附录 A.0.7～A.0.9 的分类，采集方式参考《测绘标准体系》；资源包括建筑产品、组织角色、工具、信息 4 种分类，引用 GB/T 51269—2017 附录 A.0.10～A.0.13 的分类；特性包括材质、属性、用地类型 3 种分类，前 2 种引用 GB/T 51269—2017 附录 A.0.14～A.0.15 的分类，用地类型引用自然资源部《国土空间调查、规划、用途管制用地用海分类指南（试行）》的用地分类代码；应用包括行业 1 种分类。CIM 分类图如图 1-8 所示。

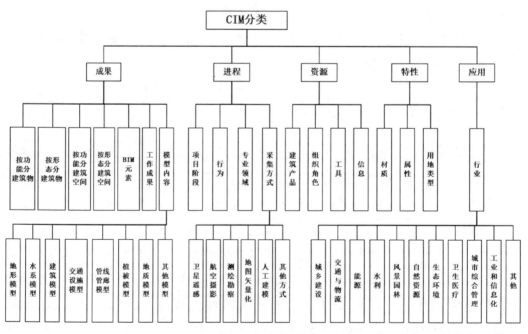

图 1-8　CIM 分类图[29]

CIM 分类可在符合现行国家标准 GB/T 7027—2002《信息分类和编码的基本原则与方法》的规定下，依据可扩延性、兼容性和综合实用性原则进行扩展，扩展分类时，相关标准中已规定的类目和编码保持不变。

1.2.4　CIM 分级

CIM 分级是指所表达的物理实体几何尺度及其信息精细度的区分，要兼顾现有地理信息、建筑模型的分级。城市三维模型分级、CityGML 分级和 BIM 分级对比见表 1-1[29]。依据现有模型不同级别所展现的特征，结合各级别尺度与精细度，城市三维模型的精细模型细节表现层次能够侧重表达建筑体（群）的三维框架及表面，完全达到项目级 BIM 的层次要求，故将精细模型与项目级 BIM 融合形成同一个层级。

表 1-1　城市三维模型分级、CityGML 分级和 BIM 分级对比

序号	模型主要内容及特征	城市三维模型分级	CityGML 分级	BIM 分级
1	地形模型，平面轮廓或符号表达实体	LOD1（体块模型）	LOD0	—
2	实体三维立体框架，如建筑立体框架（白模）	LOD2（基础模型）	LOD1	—
3	实体三维立体框架+标准表面，如建筑立体框架、封闭表面、屋顶表面	LOD3（标准模型）	LOD2	—
4	实体三维立体框架+精细表面，如建筑立体框架、封闭表面、分层表面、窗户	LOD4（精细模型）	LOD3	LOD1.0（项目级 BIM）
5	完整功能的模块或空间信息，如分层分户、房间、内墙表面、主要建筑装饰，以及满足空间占位、主要颜色等粗略识别需求的几何表达精度	—	LOD4	LOD2.0（功能级 BIM）
6	单一的构配件或产品信息，如建筑构件（墙、梁、板、柱等）满足建造安装流程、采购等精细识别需求的几何表达精度	—	—	LOD3.0（构件级 BIM）
7	从属于构配件或产品的组成零件或安装零件信息，满足高精度渲染展示、产品管理、制造加工准备等高精度识别需求的几何表达精度	—	—	LOD4.0（零件级 BIM）

CIM 作为新兴概念，涉及城市规划建设运行的方方面面，若 CIM 层次重新建立一套分级方式可能与行业现状产生巨大冲突分歧，既浪费现有基础资源，也不利于 CIM 在各行各业的推广应用。因此，依据表 1-1 中的城市三维模型分级、CityGML 分级和 BIM 分级，整合已有的城市三维模型分级、CityGML 分级和 BIM 分级设计形成 7 级 CIM，其中 CIM1～4 级分别对应城市三维模型分级的 LOD1 体块模型、LOD2 基础模

型、LOD3 标准模型、LOD4 精细模型，CIM4～7 级分别对应 BIM 分级的 LOD1.0 项目级 BIM、LOD2.0 功能级 BIM、LOD3.0 构件级 BIM、LOD4.0 零件级 BIM。科学合理的分级能促进现有模型融合、快速构建模型，便于 CIM 共享应用，CIM 分级如表 1-2 所示。

表 1-2　CIM 分级[29]

级别	名称	模型主要内容	模 型 特 征	数据源精细度	模 型 示 例
1	地表模型	行政区、地形、水系、居民区、交通线等	DEM 和 DOM 叠加实体对象的基本轮廓或三维符号	小于 1∶10 000	居民区
2	框架模型	地形、水利、建筑、交通设施等	实体三维框架和表面（无纹理），包含实体分类等信息	1∶5 000 ～ 1∶10 000	
3	标准模型	地形、水利、建筑、交通设施、管线管廊、植被等	实体三维框架、外表面，包含实体分类、标识和基本属性等信息	1∶1 000 ～ 1∶2 000	
4	精细模型	地形、水利、建筑外观及建筑分层结构、交通设施、管线管廊、植被等	实体三维框架、内外表面细节（真实纹理），包含模型单元的身份描述、项目信息、组织角色等信息	1∶500 或 G1、N1	
5	功能级模型	建筑、设施、管线管廊、场地、地下空间等要素及其主要功能分区（对应于房屋的分层分户）	满足空间占位、功能分区等需求的几何精度（功能级），包含和补充上级信息，增加实体系统关系、组成及材质，以及性能或属性等信息	G1～G2，N1～N2	

续表

级别	名称	模型主要内容	模型特征	数据源精细度	模型示例
6	构件级模型	建筑、设施、管线管廊、地下空间等要素的功能分区及其主要构件	满足建造安装流程、采购等精细识别需求的几何精度（构件级），宜包含和补充上级信息，增加生产信息、安装信息	G2~G3，N2~N3	
7	零件级模型	建筑、设施、管线管廊、地下空间等要素的功能分区、构件及其主要零件	满足高精度渲染展示、产品管理、制造加工准备等高精度识别需求的几何精度（零件级），包含上级信息并增加竣工信息	G3~G4，N3~N4	

由表 1-2 可知，CIM 分为地表模型、框架模型、标准模型、精细模型、功能级模型、构件级模型、零件级模型 7 级，其中：

（1）1 级模型是根据实体对象的基本轮廓和高度生成的三维符号，即地表模型，可采用 GIS 数据生成；

（2）2 级模型是表达实体三维框架和表面的框架模型，实体边长大于 10m（含 10m）时应细化建模，表现为无表面纹理的"白模"，可采用倾斜摄影和卫星遥感等方式组合建模；

（3）3 级模型是表达实体三维框架、外表面的标准模型，实体边长大于 2m（含 2m）时应细化建模，可采用激光雷达、倾斜摄影和卫星遥感等方式组合建模；

（4）4 级模型是表达实体三维框架、内外表面细节的精细模型，实体边长大于 0.5m（含 0.5m）时应细化建模，可采用倾斜摄影、激光雷达等方式组合建模；

（5）5 级模型是满足模型主要内容空间占位、功能分区等需求的几何精度（功能级）模型，对应建筑信息模型几何精度为 G1~G2 级，表面凸凹结构边长大于 0.05m（含 0.05m）时应细化建模，可采用 BIM、倾斜摄影和激光雷达等方式组合建模；

（6）6 级模型是满足建造安装流程、采购等精细识别需求的几何精度（构件级）模型，对应 BIM 几何精度为 G2~G3 级，表面凸凹结构边长大于 0.02m（含 0.02m）时应细化建模，可采用 BIM、激光雷达和人工测绘等方式组合建模；

（7）7 级模型是满足模型主要内容高精度渲染展示、产品管理、制造加工准备等高精度识别需求的几何精度（零件级）模型，对应 BIM 几何精度为 G3~G4 级，表面凸凹结构边长大于 0.01m（含 0.01m）时应细化建模，可采用 BIM 和人工测绘等方式组合建模。

1.3 CIM 平台概念与特征

1.3.1 CIM 基础平台概念

城市信息模型基础平台（CIM 基础平台）是表达和管理城市立体空间、建筑物和基础设施等三维数字模型，支撑城市规划、建设、管理、运行工作的基础平台，是智慧城市的基础性、关键性和实体性信息基础设施。CIM 基础平台建设应立足于城市智慧化运营管理基础平台，将其打造成融合城市海量多源异构空间数据资源、促进规划建设和管理业务协同的城市三维数字底座，是实现城市精细化、数字化管理的新型基础设施。

1.3.2 CIM 平台与 CIM 基础平台

由 CIM 基础平台的定义及定位可知，CIM 基础平台的建立只是实现城市智慧化运营管理的基础，而在此基础上搭建城市建设管理运营等领域的专项应用系统才能直接服务于城市规划、建设、运营、管理等工作，提升城市数字化管理能力，实现城市运营管理的智慧化。因此，可以将城市信息模型平台（CIM 平台）定义为 CIM 基础平台和基于 CIM 基础平台构建的各专项应用（CIM+应用）系统的总和。CIM 平台是涵盖城市规划、建设、运营和管理等领域业务应用的软件平台，构建 CIM 平台的前提是推进 CIM 基础平台建设。

CIM 基础平台作为支撑城市规划、建设、管理、运行工作的基础性平台，其主要作用是汇聚、融合、管理城市庞杂的数据资源，提供各类数据、服务和基于城市智慧化发展需求的应用接口，是作为城市底层基础平台来建设的，可以认为 CIM 基础平台是涵盖城市各类信息模型的信息化底座。

CIM+应用是在 CIM 基础平台的基础上，结合城市发展及智慧城市应用建设需求，通过 CIM 基础平台提供的服务接口开发的、在城市规划建设管理和其他行业领域使用的各类应用。各类 CIM+应用可以对 CIM 基础平台的数据和服务功能进行调用，其产生的城市基础数据可以沉淀和回流至 CIM 基础平台，共同组成城市的数据资产。

由此来看，CIM 基础平台是实现服务于城市管理工作的一切智慧应用的基础性平台，CIM+应用是平台主管部门或行业发展的需求驱动。CIM+应用在使用过程中产生的数据反过来为平台提供了源源不断的信息资源，二者相辅相成，通过信息资源的整合提升，共同支撑着 CIM 平台的发展，不仅能带动相关产业基础能力提升，同时能推动智慧城市建设。

1.3.3　CIM 平台特征

CIM 平台作为 CIM 基础平台和 CIM+应用系统的总和，结合了平台本身架构体系及应用特点，CIM 平台特征可总结归纳为具有基础性、专业性、集成性和应用多元性。

CIM 平台的基础性体现在作为其组成部分的 CIM 基础平台是定位于智慧城市的基础平台。CIM 基础平台作为平台各类数据汇聚及管理的载体，可以为相关应用提供丰富的信息服务和开发接口，支撑智慧城市应用的建设与运行。各地需要充分认识 CIM 基础平台的基础作用，首先推进 CIM 基础平台建设，在此基础上根据需要搭建应用场景，避免重应用、轻底层，从而形成新的行业壁垒。

CIM 平台的专业性体现在作为其组成部分的 CIM 基础平台具备的专业基本功能，包括基础数据接入与管理、模型数据汇聚与融合、多场景模型浏览与定位查询、运行维护和网络安全管理、支撑扩展应用的开放接口等基础功能。在此基础上，各城市根据城市发展阶段、自身实际情况及所具备的管理和技术条件，开发工程建设项目各阶段模型汇聚、物联监测和模拟仿真等专业功能。

CIM 平台的集成性体现在作为其组成部分的 CIM 基础平台可对接或整合城市现有政务信息化基础设施资源。例如，对接智慧城市时空大数据平台、工程建设项目业务协同平台（"多规合一"业务协同平台），集成共享信息资源，深化 CIM 平台在城市规划、建设、综合管理和社会公共服务等领域的应用。

CIM 平台的应用多元性体现在作为其组成部分的 CIM+应用体系的丰富多元化。各地政府主管部门可结合城市发展需求，开发基于 CIM 基础平台的应用在城市体检、城市安全、城市管理、水务、交通、规划、建筑等各大行业领域及一切智慧城市相关领域的 CIM+应用系统，以此构建丰富多元的 CIM+应用体系。

此外，CIM 平台还应具备安全、实用的特性。CIM 平台的建设和应用应符合国家信息安全可靠的规定，运行环境应符合国家信息安全保密规定。其实用性体现在可通过工程建设项目三维电子化报建及基于 CIM 的共享协同等应用，加强各类信息模型数据在 CIM 基础平台上的汇聚和应用。

1.3.4 CIM 平台与其他系统关系

CIM 平台的建设不是独立于其他系统的，作为汇聚融合多维信息模型数据的资源集成体，CIM 平台的数据库建设及应用开发过程离不开其他现有相关业务系统（平台）的数据支撑。CIM 平台通过数据共享接口与相关业务系统交互对接，集成整合相应的业务系统数据资源，同时共享平台自有信息资源给其他业务系统，既能充分利用现有信息化基础设施资源，也支撑着相关系统业务运作提质增效，实现各行业及各部门数据共享、业务协同，进而提高 CIM 平台共建共享程度，避免形成信息孤岛、数据壁垒。

现阶段，市级 CIM 平台需对接的主要业务系统有工程建设项目业务协同平台（"多规合一"业务协同平台）、国土空间基础信息平台及智慧城市时空大数据云平台，各系统将其业务数据经过数据治理过程汇聚至城市 CIM 基础平台，再经互联网、物联网等加工技术整合，形成支撑平台以开发更高层次、更广范围、更智慧化的系列 CIM+ 应用的数据资产。CIM 平台与各业务系统之间的对接实现了时空基础、规划管控、资源调查、工程建设项目等数据的集成融合，夯实了平台数据基础，进而支撑平台各专项应用开发，推进了城市规划建设管理的信息化、智能化和智慧化。市级 CIM 平台与其他系统的关系如图 1-9 所示。

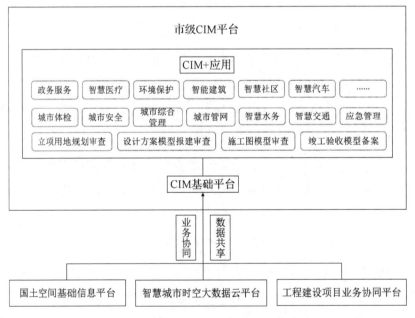

图 1-9　市级 CIM 平台与其他系统的关系

2020 年 6 月发布的《住房和城乡建设部　工业和信息化部　中央网信办关于开展城市信息模型（CIM）基础平台建设的指导意见》（建科〔2020〕59 号）要求，根据 CIM 平台面向用户对象及应用层次的不同，构建国家、省、市三级 CIM 平台体系，三级平台执行统一标准，实现信息共享、分级监管、业务协同。纵向上三级平台互联互通、业务协同，上级平台对下级平台具有监督指导作用；横向上各级平台与同级相关系统互联，实现数据共享。

因三级平台原则上执行统一标准，所以国家级及省级 CIM 平台与同级相关业务系统的关系可参考市级 CIM 平台的关系。各级 CIM 平台与其他系统的关系如图 1-10 所示。

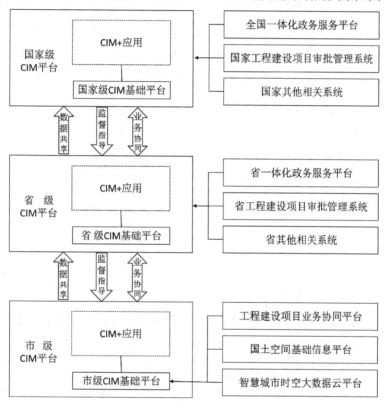

图 1-10　各级 CIM 平台与其他系统的关系

1.4　CIM 应用范畴

当前，我国全面推进 CIM 平台建设和深化 CIM 平台在城市规划建设管理及其他行业领域广泛应用的目的是带动自主可控技术应用和相关产业发展，通过应用 CIM 解决当前存在的城市治理体系和治理能力水平与日益增长的城市治理需求高度失衡的问题，提升城市精细化、智慧化治理水平。城市治理覆盖各个行业领域范畴，因而 CIM 的应用领域非常广泛，将其按行业划分，可归纳为规划、建设、交通、水务、城市管理、建筑、园林等智慧城市建设相关的领域。CIM 基础平台作为城市基础性、开放性的信息平台，可应用于各个行业的不同业务场景，实现 CIM 在其他行业领域的智慧应用。

1.4.1　规划领域

规划涵盖总体规划、详细规划和专项规划，涉及交通、生态环境保护、土地资源、市政设施等领域，是一项复杂、数据量级巨大且精度要求高的工作。常规的规划编制工作是通过计算机辅助设计（CAD）或 GIS 进行的，在当今互联网、大数据、云计算等新一代信息技术的普及下，城市的快速发展对规划编制的合理性、科学性和成果审查的时效性等提出了更高的要求，仅依靠常规工作平台的数据管理和计算分析能力，已不能满足城市发展对规划发展智慧化的需求。CIM 平台作为城市的二、三维数据底座，汇聚了海量城市时空基础、资源调查、规划管控等数据资源，并具有丰富的服务开发接口等功能，可充分发挥其优势，实时、动态地感知国土空间信息，建立数字化国土空间模型的规划系统。通过调用平台数据及模型分析、可视化等功能，辅助规划人员在编制工作中的计算与决策可实现规划冲突智能检测，进而支撑规划科学编制、动态监测、智能审批。

1.4.2　建设领域

在建设领域，CIM 平台可与工程建设项目业务协同平台对接，将项目各阶段信息接入 CIM 平台，在线上即可进行建设项目立项用地规划、规划设计模型报建、施工图模型及竣工验收备案的审批审查工作，变人工技术审查为模型智能审查，减少审批时间，提高审批效率和质量。在项目建设实施过程中，因建设工程项目涉及多方人员及多个专业，CIM 平台通过接入项目工程建设业务数据，可实现对项目全生命周期的管理，实现各专业人员业务的协同交流，确保工程建设项目按计划推进。此外，CIM 可应用于智慧工地的建设，通过工地摄像头数据接入 CIM 平台系统，使管理人员可对工地远程进行质量安全方面的巡检，实时查看和监督工地现场环境实际情况，以有效对隐患问题进行闭环管理，切实保障工程建设。在项目竣工后，基于工程项目全过程的信息协同，CIM 平台可实现项目竣工验收模型智能审查备案，并进入项目精细化运维服务阶段。

1.4.3　交通领域

在交通领域，随着社会快速发展，城市交通出行与车辆管理问题日益突出，交通管理部门的治理模式普遍为分区域专人管理的方式，需要投入的人力物力过多，治理成效也甚微，为彻底解决这些问题，交通管理智慧化是必然趋势。依托 CIM 平台强大的数据融合及服务开发功能，交通管理部门可通过建设城市道路、建筑、公共基础设施智能感知系统，对车道线、交通标识、护栏等进行数字化改造，将城市汽车、公交等交通工具联网智能化，将城市动态数据与静态数据汇入 CIM 平台，可实时感知路况及识别车辆信息，提高车路协同水平，支撑智能交通、智能停车技术应用，解决城市出行与车辆管理问题。

1.4.4　水务领域

近年来多地因雨季突发暴雨引起城市洪涝，如河南突降暴雨导致省内多个城市洪涝、广州地铁因大雨运行瘫痪等。CIM 技术具有高度信息化、智慧化的特点，可作为实现水务智能管理、解决城市洪涝问题的有效手段。引发城市洪涝的原因多为城市排水能力不足，缺乏应急措施，可以通过 CIM 基础平台精细化管理城市防洪排涝设施，对城市洪涝进行三维模拟展示，实现洪涝预测预警和实时监测，辅助洪涝应急抢险调度和日常联合调度。

1.4.5　城市管理

在城市管理方面，城市管理涉及社区、园区、城市综合管理及应急管理多方面，基于 CIM 基础平台信息资源，可以构建智慧社区和园区系统，实现社区和园区数字化、网络化、智能化管理与服务；可以构建集感知、分析、服务等为一体的城市综合管理服务平台，以有效解决城市运行和管理中的各类问题；可以建立智能预测模型，以对重大城市应急管理事件进行分析预警，优化资源配置，为城市管理提供高效的信息服务与决策支持。此外，CIM 平台还可以应用于城市体检业务，利用空间数据与社会大数据的结合，发现城市短板问题，精准施策开展城市体检工作。

CIM 现阶段处于快速发展阶段，其广阔的发展前景表明其应用范畴不仅限于上述领域，现阶段各行各业从业人员都在对 CIM 技术进行不断挖掘，衍生出许多 CIM+应用，提高了城市智慧化管理水平。

第 2 章

CIM 平台设计方法

2.1 顶层设计理论

随着信息化进入统一信息系统建设阶段，信息系统建设越来越成为一项复杂的工程，也越来越需要科学的方法来指导统一信息系统的建设实践，以避免盲目建设和方法不当带来的损失。为此，"顶层设计"作为源于自然科学和大型工程技术领域的一种设计理念，越来越得到信息化领域研究人员的重视。

2.1.1 顶层设计概念与内涵

1. 系统工程领域的顶层设计概念

顶层设计（Top-Down Design）概念由 Niklaus Wirth 于 20 世纪 70 年代提出，最初是一种大型程序的软件工程设计方法，主要采用"自顶向下逐步求精、分而治之"的原则进行设计，其后逐步成为系统工程学领域一种有效的复杂应用系统的综合设计方法。与之相对应的是自底向上设计（Bottom-Up Design），两者相辅相成。

顶层设计方法强调复杂工程的整体性，注重规划设计与实际需求的紧密结合，从全局视角出发，自上而下逐层分解、分别细化，统筹考虑各个层次、各个要素，在系统总体框架约束下实现总体目标。与自底向上设计相比，顶层设计更加能够确保系统整体性，结果可控性更强，但对于复杂系统的操作难度较大。

2. 宏观政策领域的顶层设计概念

近年来，顶层设计的概念已逐步扩展到社会科学、自然科学等领域。2000 年前后，顶层设计的概念被引入我国电子政务网络建设中，以解决电子政务网络建设中的各自为政、重复投资、信息孤岛等问题。此后，顶层设计这一系统工程领域的理念和方法开始广泛应用于宏观改革，电子政务、智慧城市、"互联网+"、大数据等政策规划相继体现顶层设计思想，从总体上提出全面的框架性设计，体现为理论思想一致、功能相互协同、结构直观清晰、资源交换共享、标准规范统一，起到指导性、统领性的作用。

信息化顶层设计不是要取代传统的信息化总体规划，而是要解决总体规划落地实施问题。信息化总体规划解决的是"做什么"的问题，而信息化顶层设计解决的是"怎么做"的问题；信息化总体规划是"愿景"，信息化顶层设计是"蓝图"与"路线图"。信息化顶层设计是信息化建设从规划到实施的桥梁，它是在信息化总体规划的统领与指导下，作为信息化总体规划的延续和细化，是信息化实施的前提与依据，是信息化实施的总体框架。

总而言之，信息化顶层设计就是从全局的视角出发，站在整体的高度，以信息化的思维全面分析机构的各项业务，建立该机构的业务模型、功能模型、数据模型和业务模型，并结合该机构的信息化现状，设计出信息化总体技术方案（蓝图与路线图）。

2.1.2　软件架构设计方法论

顶层设计的几类常见方法包括技术路线图方法、能力分解方法、体系结构方法、风险矩阵方法等。其中体系结构方法注重采用规范化的设计过程，从多个视角对体系建设进行描述，关注整体架构、要素关系和主要功能，过程往往包括需求工程、体系结构工程、评估验证等阶段，强调采用成套的方法和制度制定指导性文件，体系建设具有探索性、创新性、多元性和滚动性等特点。成熟的体系结构方法包括 Zachman 框架、EA 框架、TOGAFEA 框架、FEAF 框架、FEA 框架、SOA 框架等，目前顶层设计实践基于 EA 框架和 SOA 框架的较多。根据系统工程理论，建立系统首先要规划一个开放、弹性、可扩充的总体架构，对成熟的体系结构方法进行研究，借鉴其中的设计思想并进行修改和细化。

1. Zachman 框架

John Zachman 于 1987 年在 *IMB Systems Journal* 期刊上首次提出企业架构的初步概念。他在文章中阐述了系统开发工作中对软件体系结构的看法：系统开发是由具有不同关注试点的若干层面人员共同完成的，在系统开发中，考察对象不应局限于数据和功能，还应包括地点。Zachman 理论发展到今天被称为"企业架构框架"，简称为"Zachman 框架"，Zachman 也被公认为企业架构领域的理论开拓者，现有的企业架构框架大都是由 Zachman 框架派生而来的。

Zachman 框架是一个由行和列组成的二维结构，如图 2-1 所示。Zachman 框架分为两个维度：行基于模型使用者/描述者的视角对企业进行描述，反映了 IT 架构层次，最顶层的行表示一般的描述，层次越低的行描述越具体，从规划者、拥有者、设计师、建造者、分包者、产品六个视角来划分，建立范围模型、企业模型、系统模型、技术模型、详细模型、功能模型；列基于人们理解问题时经常涉及的问题的角度定义了各视角的抽象域，采用 What、How、Where、Who、When、Why 进行组织，分别由数据、功能、网络、人员、时间、原因对应回答 What、How、Where、Who、When 与 Why 这六个问题。

	数据 什么（What）	功能 如何（How）	网络 哪里（Where）	人员 谁（Who）	时间 何时（When）	原因 为什么（Why）
范围模型 规划者 （Planner）	对业务具有重要意义的事务的列表 实体=业务事务的分类	业务所执行流程的列表 实体=业务流程的分类	业务运行所在的地点 节点=主要的业务位置	对业务重要的组织列表 人员=主要组织单位	对业务重要的事件或周期 时间=主要的业务事件和周期	业务目标和战略列表 结果/方式=主要业务目标和战略
企业模型 拥有者 （Owner）	例如，语义模型 实体=业务实体 限制=业务关系	例如，业务流程模型 流程=业务流程 输入/输出=业务资源	例如，业务物流系统 节点=业务位置 连接=业务联动关系	例如，工作流模型 人员=工作单元 工作=工作产品	例如，主进度表 时间=业务事件 周期=业务周期	例如，业务规划 结果=业务目标 方式=业务战略
系统模型 设计师 （Designer）	例如，逻辑数据模型 实体=数据实体 限制=数据关系	例如，应用架构 流程=应用功能 输入/输出=用户视图	例如，分析系统架构 节点=信息系统功能 连接=连接性质	例如，人机接口架构 人员=角色 工作=交付物	例如，处理结构 时间=系统事件 周期=处理周期	例如，业务规则模型 结果=结构断言 方式=行为断言
技术模型 建造者 （Builder）	例如，物理数据模型 实体=字段、表等 限制=指针、键值	例如，系统设计 流程=计算机功能 输入/输出=数据元素、集合	例如，技术架构 节点=硬件、系统软件 连接=连接规范	例如，展现架构 人员=用户 工作=屏幕格式	例如，控制结构 时间=执行 周期=组件行为周期	例如，规则设计 结果=条件 方式=行为
详细模型 分包者 （Sub-Contractor）	例如，数据定义 实体=字段 限制=描述	例如，程序 流程=语言段 输入/输出=控制块	例如，网络架构 节点=网络地址 连接=协议	例如，安全架构 人员=标识 工作=任务	例如，时序定义 时间=中断 周期=机器周期	例如，规则规范 结果=子条件 方式=步骤
功能模型 产品 （Product）	例如，数据	例如，功能	例如，网络	例如，组织	例如，计划安排	例如，战略

图 2-1 Zachman 框架

Zachman 框架是由多个存在一定约束和影响关系的子模型构成的，表现出多视图的特征，能够对复杂系统进行分解描述，能够照顾到各个利益相关者，需求和技术实现能够一一映射，不会规划出冗余功能，以上特点和智慧城市具有一定匹配度。在智慧城市顶层设计中，可以借鉴 Zachman 框架从全局视角描述系统的思想，明确不同角色在智慧城市系统中有不同的作用和关注点，在设计之前先考虑架构以避免需求增加带来的系统重复冗余。但 Zachman 框架仅仅是内容的分类方法，对架构创建过程的指导性不强，设计结果的展示度不高。

2. TOGAF 框架

开放群组架构框架（The Open Group Architecture Framework，TOGAF）是由 The Open Group（一个总部在英国的非营利协会）发起和设计的，最初版本在 1995 年发布，至今已更新到 TOGAF9.1，其一般应用于商业企业，是目前市场占有率最高的企业架构框架。TOGAF 将企业架构抽象为以下四个层次。

（1）业务架构（Business Architecture）：为达到目标须要进行的业务过程。

（2）数据架构（Data Architecture）：企业数据如何组织和存储。

（3）应用程序架构（Application Architecture）：如何设计应用程序以达到业务要求。

（4）技术架构（Technology Architecture）：系统软硬件及应用支撑。

同时，TOGAF 还提供了一套 EA 框架开发方法和支持工具，是众多架构理论及架构模型中唯一具有企业架构核心开发理论的模型方法。这套核心开发理论被称为 ADM（Architecture Development Method），在 ADM 中首先为预备阶段，在预备阶段后依次为架构愿景、业务架构、信息系统架构、技术架构、机会及解决方案、迁移规划、实施治理、架构变更管理的迭代过程，需求管理适用于该迭代过程的所有阶段。TOGAF 框架模型如图 2-2 所示。

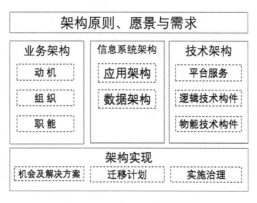

图 2-2　TOGAF 框架模型

TOGAF 框架是协助设计、评价、验收、运行、使用和维护信息化总体框架的工具，在智慧城市顶层设计中借鉴 TOGAF 框架，有助于设计者理解业务、技术及项目之间的工作协同和相互影响，可以形成较为标准化、通用化的结果，也适用于城市部门级的设计。但 TOGAF 框架的复杂程度高，存在一定的借鉴难度。

3. FEAF 框架和 FEA 框架

FEAF（Federal Enterprise Architecture Framework）是针对美国联邦政府的架构框架理论，由美国 CIO Council 于 1998 年 4 月启动相关研究，1999 年 9 月发布第一版。FEAF 旨在为美国各联邦机构提供基础性架构，促进横向（美国联邦政府各部门之间）和纵向（美国联邦政府与州政府和地方政府间）的信息共享、互操作及通用业务共享开发，是一个概念化的框架，说明了架构组件的整体结构和彼此之间的关系，包括架构驱动力、战略方向、当前架构、目标架构、过渡过程、架构片段、架构模型和标准 8 个组成部分。

FEA（Federal Enterprise Architecture）是一套较成体系的顶层设计方法，其是基于业务与绩效、用于某级政府的跨部门的绩效改进框架，是在 2002 年美国政府行政管理和预算局根据"联邦政府组织架构框架"的基本精神提出的"联邦政府组织架构"。FEA框架由 5 个参考模型组成，它们共同提供了联邦政府的业务、绩效与技术的通用定义和框架。

（1）绩效参考模型：提供一般结果与产出指标测评框架。

（2）业务参考模型：描述机构所实施但与机构无关的业务框架，它构成了 FEA 框架的基础内容。

（3）服务组件参考模型：是一种业务驱动的功能架构，它根据业务目标改进方式对服务架构进行分类。

（4）数据参考模型：用来描述那些支持项目计划在业务流程运行过程中的数据与信息，描述那些发生在机构与其各类客户和业务合作伙伴之间的信息交换相互作用的类型。

（5）技术参考模型：是一种分级的技术架构，用于描述传输服务构件与提高服务性能的技术支持方式。

除此之外，FEA 框架还包括配套实施指南，评估完整性、使用状况和使用效果的评估框架（EAAF），以及用来识别和管理跨部门项目的联邦过渡框架（FTF）。顶层管理思路为自顶而下的设计和自下而上的匹配，从顶层和全局的高度将所有机构的电子政务建设纳入一个通用的架构，统一部署政府的业务流程和 IT 结构，促使政府从机构分割走向跨机构的协同工作，促进横向和纵向的 IT 资源整合，从而避免重复投资，提升政府运作效能。

FEA 框架推动跨部门业务协同、提升政府运作效能的出发点与智慧城市建设高度匹配。FEA 框架提出划分架构片段的方法，采用统一的架构模型对各个架构片段进行描述，降低了开发架构的复杂性，并且可以采用增量方式对架构进行开发和维护。在智慧城市顶层设计中可以借鉴这种适应变化的思想，提升可扩展性和标准性。另外，FEA 框架重视绩效评估和改进反馈，因此在智慧城市顶层设计中对 FEA 框架应予以重视。

4. SOA 框架

面向服务的体系架构（Service-Oriented Architecture，SOA）是一种粗粒度、松耦合的服务架构，将应用系统的不同功能实体（服务）通过定义精确的接口联系起来，可以以通用的方式进行交互，服务的接口独立于硬件平台、操作系统、网络环境和编程语言。其架构中的功能模块可以分为七层，包括已有系统资源、组件层、服务层、商业流程层、表示层、企业服务总线、辅助功能。

从不同的视角来理解 SOA 框架：从程序员角度，SOA 框架是一种全新的开发技术；从架构设计师角度，SOA 框架是一种新的设计模式、方法学，其目标是最大范围重用应用中具有中立性的服务，从而提升适应性和效率；从业务分析人员角度，SOA 框架是基于标准的业务应用服务，它从业务层面上把一些最基本的业务流程封装成服务，通过最基本服务单元的串接形成不同的业务流程，从而满足市场快速变化对软件互联互通、重用和业务流程管理的需求；从概念角度，SOA 框架是一种构造分布式系统的方法，它将业务应用功能以服务的形式提供给最终用户应用或其他服务。

SOA 框架整体上的设计和实现为一系列相互交互的服务，这种将业务功能实现为服务的方法可以增强系统的灵活性，系统通过增加新的服务来实现演化。SOA 框架定义了系统由哪些服务组成，描述了服务之间的交互，并将服务映射为一个或多个具体技术的实现。总体来讲，SOA 框架的优势在于它的高可复用性、灵活性，以及更好的扩展性和可用性。

2.2　智慧城市顶层设计

智慧城市是一个要素复杂、应用多样、相互作用、不断演化的综合性复杂系统。对于顶层设计而言，子系统之间的关系刻画和约束分析比子系统本身的设计更重要，要以理念一致、功能协调、结构统一、资源共享、部件标准化等系统论的方法，从全局视角出发，对项目的各个层次、要素进行统筹考虑。

1. 智慧城市顶层设计流程与内容

智慧城市顶层设计是从城市发展需求出发的，运用体系工程方法统筹协调城市各要素，开展智慧城市需求分析，在明确智慧城市建设具体目标的基础上，自顶向下将目标层层分解，在总体框架、建设内容、实施路径等方面进行整体性规划和设计的过程。智慧城市顶层设计基本过程如图 2-3 所示。

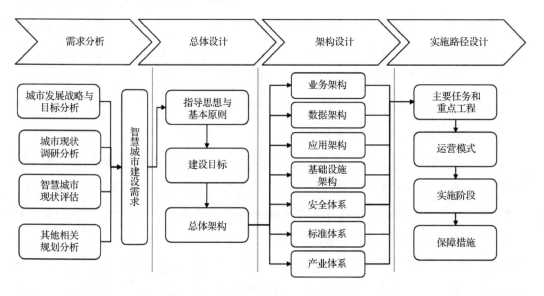

图 2-3　智慧城市顶层设计基本过程（引自《智慧城市顶层设计指南》）

2. 智慧城市顶层设计方法

在体系结构设计中，比较注重规范化的流程设计，要求能够从多个设计视角对设计体系展开描述，这和我们国家的智慧城市设计需求都是不谋而合的。其中 Zachman 框架的顶层设计，可以展现出多视图特征，照顾到智慧城市建设中各种利益相关者，避免因市民需求增加而增添智慧城市系统计算的复杂度。TOGAF 框架的应用，能够帮助人们更好地理解城市设计业务，可以在城市部门中得到应用。通过 SOA 框架的应用，可以为智慧城市中的数据服务融合提供技术支持，减少计算成本，在互联网服务的支持下，智慧城市中的顶层设计线路还可以和 TOGAF、FEA 框架融合。

我国的智慧城市顶层设计还处于初级阶段，目前还没有形成完善的顶层设计。可以说，智慧城市的顶层设计基于城市建设全局，应从多角度进行框架设计，对于相关环节的各个因素进行统筹规划，达到理念、技术、产业之间的协调发展，进而使智慧城市能够得到深化发展。

进行智慧城市顶层设计时：一是要紧密结合城市发展战略，充分考虑城市主体对智慧城市建设的需求，以可持续发展理念为指导，抓住城市演进本质与城市发展关键资源要素；二是要用顶层设计的方法，全面、多维、立体地分析智慧城市视角下的城市要素体系、运行管理体系、公共服务体系、技术支撑体系、法律保障体系、目标评估体系等架构与内在逻辑关系；三是要能指导城市各要素高效、协调运作，形成以智慧技术高度集成、智慧产业高端发展、智慧服务高效便民为主要特征的城市发展新模式。

2.3　CIM 平台顶层设计方法

CIM 平台是智慧城市建设的重要支撑，采用信息化建设顶层设计方法——体系结构方法进行设计，遵循 GB/T 36333—2018《智慧城市　顶层设计指南》、GB/T 34678—2017《智慧城市　技术参考模型》、GB/T 21064—2007《电子政务系统总体设计要求》的相关要求开展设计，在明确 CIM 平台设计目标的基础上，自顶而下将目标层层分解，对 CIM 平台进行需求分析，开展总体设计、架构设计、实施路径设计。根据《智慧城市　顶层设计指南》，CIM 平台顶层设计的基本流程和内容如下。

2.3.1　需求分析

基于城市发展战略与目标、需求调研分析及现状评估和其他相关规划等，明确提出 CIM 平台建设需求，包括但不限于目标分析、数据资源需求及评估、业务应用需求及评估、信息系统需求及评估、业务协同需求、基础设施需求、信息安全需求、运行维护需求等。

2.3.2　总体设计

以 CIM 平台建设需求为依据，明确 CIM 平台建设的指导思想、基本原则、建设目标，开展总体架构设计。建设目标宜分总体目标和阶段性目标，明确各阶段的主要任务、建设内容和建设成果。根据总体目标，从 CIM 应用、数据及服务融合、计算与存储、网络通信、物联感知、建设管理、安全保障、运维管理等多维角度设计 CIM 平台总体架构。CIM 平台总体架构宜从技术实现的角度，以结构化的形式展现 CIM 建设与城市发展愿景。

2.3.3　架构设计

CIM 平台架构设计包括业务架构设计、数据架构设计、应用架构设计、基础设施架构设计、标准体系架构设计、产业体系架构设计等相关设计内容。

1. 业务架构设计

业务架构设计宜考虑地区的战略定位和目标、经济与产业发展、自然和人文条件等因素，制定出符合地区特色的业务架构。依据 CIM 建设的业务需求，分析业务提供方、业务服务对象、业务服务渠道等多方面因素，从而形成 CIM 平台业务架构。

2. 数据架构设计

数据架构设计要依据 CIM 平台数据共享交换现状和需求分析，结合业务架构，识别出业务流程中所依赖的数据、数据提供方、数据需求方、对数据的操作、安全和隐私保护要求等。在分析 CIM 数据资源、相关角色、IT 支撑平台和工具、政策法规和监督机制等数据共享环境和城市数据共享目标的基础上，开展 CIM 平台数据架构设计。数据架构设计的内容包括以下几点。

（1）数据资源框架：对来自不同应用领域和不同形态的数据进行整理、分类和分层。

（2）数据服务：包括数据采集、预处理、存储、管理、共享交换、建模、分析挖掘、可视化等服务。

（3）数据治理：包括数据治理的战略、相关组织架构、数据治理领域和数据治理过程等。

3．应用架构设计

应用架构设计要依据现有应用系统建设现状和需求分析，结合城市业务架构及数据架构要求等，对应用系统功能模块、系统接口进行规划和设计。应用系统功能模块的设计应明确各应用系统的建设目标、建设内容、系统主要功能等，并明确须要新建或改建的系统，识别可重用或共用的系统及系统模块，提出统筹建设要求。应用系统接口的设计应明确系统、节点、数据之间的交互关系。

4．基础设施架构设计

基础设施架构设计要依据基础设施建设现状，结合应用架构的设计，识别可重用或共用的基础设施，提出新建或改建的基础设施，设计开放、面向服务的基础设施架构。可针对以下四种基础设施进行设计。

（1）物联感知层基础设施：包括地下、地面、空中等全空间的泛在感知设备。

（2）网络通信层基础设施：包括公共基础网络、政务网络及其他专用网络。

（3）计算与存储层基础设施：包括公共计算与存储服务中心等。

（4）数据与服务融合层基础设施：包括数据资源、应用支撑服务、系统接口等方面的基础设施。

5．标准体系架构设计

标准体系架构设计要从 CIM 基础性标准、支撑技术与平台标准、数据标准、管理与服务标准、产业与经济标准、安全与保障标准等维度开展地区标准体系的规划与设计工作。

6．产业体系架构设计

产业体系架构设计要围绕 CIM 平台建设目标，结合新技术、新产业、新业态、新模式的发展趋势，基于城市产业基础，提出 CIM 产业发展目标，规划产业体系；宜通过定位城市的细分产业领域，从基础设施服务商、信息技术服务商、系统集成商、公共服务平台企业、专业领域创新应用商、行业智慧化解决方案商等角度总结出重点发展培育的领域；宜从创业服务、数据开放平台、创新资源链接、新技术研发应用等角度设计支撑产业生态的智慧产业创新体系。

城市信息模型平台顶层设计与实践

2.3.4 实施路径设计

实施路径设计包括主要任务和重点工程、运营模式及保障措施等，要结合当地实际现状，对照 CIM 平台建设目标，依据系统论和结构分析等方法论，以及总体设计和架构设计的内容，提出实施路径设计的主要任务和重点工程。运营模式则从 CIM 平台推广对接角度出发，提供平台推广应用模式。

保障措施包括组织保障、政策保障、人才保障、安全保障、资金保障等。组织保障应针对 CIM 平台建设的组织架构、决策主体、责任主体、监管主体和考核主体等提供意见和建议，明确建设管控，对网络设备、安全等方面提供运行维护措施；政策保障应针对相关法律法规、政策文件和标准规范的建立和完善提供指导与建议；人才保障应针对智慧城市发展目标和建设内容，提供人才保障方面的建议；安全保障应针对数据安全和系统安全提出相关建议；资金保障应针对智慧城市相关建设内容，提出资金保障方面的建议。

第 3 章

CIM 平台需求分析

3.1 发展战略与目标分析

党的十九届五中全会审议通过的《中共中央关于制定国民经济和社会发展第十四个五年规划和二〇三五年远景目标的建议》中明确提出："加强数字社会、数字政府建设，提升公共服务、社会治理等数字化智能化水平"。在政策指引与城市数字化发展需求的双重导向下，2021 年 3 月我国发布《中华人民共和国国民经济和社会发展第十四个五年规划和 2035 年远景目标纲要》，其中的第十六章第二节提出"完善城市信息模型平台和运行管理服务平台，构建城市数据资源体系，推进城市数据大脑建设。探索建设数字孪生城市"。城市信息模型平台建设成为我国未来五年的发展战略目标之一。

3.1.1 国家部委政策引领城市信息模型平台建设

当前，我国的改革工作已进入攻坚克难阶段，政府部门"刀刃向内"，以壮士断腕的勇气深化"放管服"改革，从"一张蓝图干到底"，到"全面开展工程建设项目审批制度改革"，全国上下正努力解决城市规划建设管理和营商环境改善的堵点、痛点和难点。2018 年，国务院办公厅发布了《国务院办公厅关于开展工程建设项目审批制度改革试点的通知》，住房和城乡建设部随后启动了城市信息模型（CIM）平台建设的试点工作，旨在逐步实现工程建设项目全生命周期的智能化审查审批，促进工程建设项目规划、设计、建设、管理、运营全周期一体联动，不断丰富和完善城市规划建设管理数据信息，为智慧城市管理平台建设奠定基础。相关政策如下。

2019 年 6 月，住房和城乡建设部发函决定在广州市、南京市开展城市信息模型（CIM）平台建设试点工作，要求试点政府要以工程建设项目三维电子报建为切入点，建设具有规划审查、建筑设计方案审查、施工图审查、竣工验收备案等功能的 CIM 平台，精简和改革工程建设项目审批程序，减少审批时间，探索建设智慧城市基础平台。

2020 年 7 月，住房和城乡建设部、工业和信息化部、中央网信办联合印发《关于开展城市信息模型（CIM）基础平台建设的指导意见》（建科〔2020〕59 号），为城市信息模型基础平台建设提出了指导意见。

3.1.2 城市治理和智慧城市发展对 CIM 平台建设提出了新的要求

我国已进入后城镇化时代，"新常态"下的城市治理面临多重挑战，如城镇化速度明显放缓、交通拥堵日趋严重、城镇特色和历史风貌丧失、城市防灾减灾功能明显不足等。为解决城市发展难题，实现城市可持续发展，建设智慧城市势在必行。建设智慧城市已成为当今世界城市发展不可逆转的历史潮流，我国各地也纷纷提出了智慧城市建设目标。在建设智慧城市的过程中，社会对城市规划、建设和管理的要求也越来越高。不少地方开始尝试应用数字孪生技术。对应物理空间的城市，在网络虚拟空间构建数字孪生城市成为智慧城市建设的重要基础。数字孪生城市是城市信息化建设不断发展的产物，是智慧城市发展的必然趋势。

数字孪生城市可以促进城市建设与设施等实体全面实现数字化，城市居民数字化素养全面提升，城市万物实现互联互通，城市运行变化可实时感知、可历史溯源。数字孪生城市作为实体城市对应的数字孪生体，体现了城市数字化转型的发展愿景，是智慧城市的新基础、新设施，将开启智慧城市治理的颠覆式创新，引领智慧城市建设进入新的阶段。

城市信息模型是以数字孪生技术为核心的新型智慧城市基础。与传统智慧城市相比，城市信息模型技术要素更复杂，不仅覆盖新型测绘、地理信息、语义建模、模拟仿真、智能控制、深度学习、协同计算、虚拟现实等多技术门类，而且对物联网、人工智能、边缘计算等技术提出了新的要求，多技术集成创新需求更加旺盛。城市信息模型技术在传统智慧城市建设所必需的物联网平台、大数据平台、共性技术赋能与应用支撑平台基础上，增加了二维与三维一体化、地上与地下一体化、室内与室外一体化的城市全维度结构化信息模型，该技术的应用不仅可以对城市建筑物及部件信息进行全生命周期跟踪和分析，也可以对城市运行进行模拟仿真；不仅具有城市时空大数据平台的基本功能，更重要的是可以成为在数字空间刻画城市细节、呈现城市体征、推演未来趋势的综合信息载体。城市信息模型理念的出现为智慧城市建设带来了新思路，城市信息模型平台将成为智慧城市的底座。

3.1.3　以 CIM 基础平台作为抓手推进 BIM 技术应用

建筑信息模型是在计算机辅助设计等技术基础上发展起来的多维模型信息集成技术，是对建筑工程物理特征和功能特性信息的数字化承载和可视化表达。BIM 能够应用于工程项目规划、勘察、设计、施工、运营维护等各阶段，使建筑全生命周期各参与方在同一多维建筑信息模型基础上共享数据，为产业链贯通、工业化建造和繁荣建筑创作提供技术保障；支持对工程环境、能耗、经济、质量、安全等方面的分析，检查和模拟，为项目全过程的方案优化和科学决策提供依据；支持各专业协同工作、项目的虚拟建造和精细化管理，为建筑业的提质增效、节能环保创造条件。目前，BIM 在建筑领域的推广应用还存在着政策法规和标准不完善、发展不平衡、本土应用软件不成熟、技术人才不足等问题。

城市信息模型是建筑信息模型概念在城市范围内的扩展，CIM 基础平台是在城市基础地理信息的基础上，建立汇聚建筑物、基础设施等三维数字模型和 BIM，支撑城市规划、建设和管理运行工作开展的基础性操作平台。与国际上通用的数字孪生技术类似，CIM 平台以建筑工程项目全生命周期的各项相关信息数据为基础，建立一座与物理城市实时全映射的，虚拟信息空间的数字城市副本，并实现数字城市与物理城市的闭环反馈。

根据住房和城乡建设部、工业和信息化部、中央网信办联合印发的《关于开展城市信息模型（CIM）基础平台建设的指导意见》（建科〔2020〕59 号）（以下简称《意见》）的相关内容，建设 CIM 基础平台应构建包括基础地理信息、建筑物和基础设施的三维模型、标准化地址库等信息的 CIM 基础数据库，并在有条件的城市中增加城市倾斜摄影模型、BIM、地下管线管廊和地下空间模型等多种类且高精度的模型数据，《意见》中包括加强与 BIM 等相关领域标准的衔接，支持跨领域标准化合作。通过城市信息模型基础平台的建设可倒逼 BIM 技术应用与成果交汇，同时也对 BIM 技术的应用深度和广度提出了更高的要求，进一步规范和推进 BIM 的行业应用。

3.2 现状调研与需求

3.2.1 业务应用调研与需求

3.2.1.1 工程建设项目审批审查

2018 年 5 月，国务院办公厅发布《国务院办公厅关于开展工程建设项目审批制度改革试点的通知》（国办发〔2018〕33 号）（以下简称《通知》），按照党中央、国务院关于深化"放管服"改革和优化营商环境的部署要求，对工程建设项目审批制度进行全流程、全覆盖改革，决定在北京市、天津市、上海市、重庆市、沈阳市、大连市、南京市、厦门市、武汉市、广州市、深圳市、成都市、贵阳市、渭南市、延安市和浙江省开展试点。《通知》还要求以运用 BIM 系统实现工程建设项目电子化审查审批、探索建设 CIM 平台、统一技术标准，加强数据信息安全管理、加强制度建设为主要任务，努力构建科学、便捷、高效的工程建设项目审批和管理体系。

2019 年，国务院办公厅发布了《国务院办公厅关于全面开展工程建设项目审批制度改革的实施意见》（国办发〔2019〕11 号），其中提出了"全面开展工程建设项目审批制度改革，统一审批流程，统一信息数据平台，统一审批管理体系，统一监管方式，实现工程建设项目审批'四统一'"。其中提出的改革内容包括："对工程建设项目审批制度实施全流程、全覆盖改革。改革覆盖工程建设项目审批全过程（包括从立项到竣工验收和公共设施接入服务）；主要是房屋建筑和城市基础设施等工程，不包括特殊工程和交通、水利、能源等领域的重大工程；覆盖行政许可等审批事项和技术审查、中介服务、市政公用服务以及备案等其他类型事项，推动流程优化和标准化。"

3.2.1.2 "多规合一"与国土空间规划

2018 年 3 月 13 日，《国务院机构改革方案》提请十三届全国人大一次会议审议。根据《国务院机构改革方案》新组建的自然资源部包含了原国土资源部的土地利用规划管理职责，原发展和改革委员会的主体功能区规划管理职责，住房和城乡建设部的城乡规划管理职责。此次改革直接将土地利用规划、主体功能区规划和城乡规划这三大管理职责调整到一个部门主管，为"多规合一"奠定了制度保障。

2019 年 5 月 23 日发布的《中共中央 国务院关于建立国土空间规划体系并监督实施的若干意见》（中发〔2019〕18 号）提出："国土空间规划是国家空间发展的指南、可持续发展的空间蓝图，是各类开发保护建设活动的基本依据。建立国土空间规划体系并监督实施，将主体功能区规划、土地利用规划、城乡规划等空间规划融合为统一的国土空间规划，实现'多规合一'，强化国土空间规划对各专项规划的指导约束作用，是党中央、国务院做出的重大部署。"该文件提出了如下主要目标："到 2020 年，基本建立国土空间规划体系，逐步建立'多规合一'的规划编制审批体系、实施监督体系、法规政策体系和技术标准体系；基本完成市县以上各级国土空间总体规划编制，初步形成全国国土空间开发保护'一张图'。到 2025 年，健全国土空间规划法规政策和技术标准体系；全面实施国土空间监测预警和绩效考核机制；形成以国土空间规划为基础，以统一用途管制为手段的国土空间开发保护制度。到 2035 年，全面提升国土空间治理体系和治理能力现代化水平，基本形成生产空间集约高效、生活空间宜居适度、生态空间山清水秀，安全和谐、富有竞争力和可持续发展的国土空间格局。"

国土空间规划体系总体框架包括分级分类建立国土空间规划、明确各级国土空间总体规划编制重点、强化对专项规划的指导约束作用、在市县及以下编制详细规划。实施与监督的具体要求包括以下几点。

（1）改进规划审批。按照谁审批、谁监管的原则，分级建立国土空间规划审查备案制度。精简规划审批内容，管什么就批什么，大幅缩减审批时间。减少需报国务院审批的城市数量，直辖市、计划单列市、省会城市及国务院指定城市的国土空间总体规划由国务院审批。相关专项规划在编制和审查过程中应加强与有关国土空间规划的衔接及"一张图"的核对，批复后纳入同级国土空间基础信息平台，叠加到国土空间规划"一张图"上。

（2）监督规划实施。依托国土空间基础信息平台，建立健全国土空间规划动态监测评估预警和实施监管机制。上级自然资源主管部门要会同有关部门组织对下级国土空间规划中各类管控边界、约束性指标等管控要求的落实情况进行监督检查，将国土空间规划执行情况纳入自然资源执法督察内容。健全资源环境承载能力监测预警长效机制，建立国土空间规划定期评估制度，结合国民经济社会发展实际和规划定期评估结果，对国土空间规划进行动态调整完善。

（3）推进"放管服"改革。以"多规合一"为基础，统筹规划、建设、管理三大环节，推动"多审合一""多证合一"。优化现行建设项目用地（海）预审、规划选址及建设用地规划许可、建设工程规划许可等审批流程，提高审批效能和监管服务水平。

2019 年 5 月 28 日，自然资源部在《自然资源部关于全面开展国土空间规划工作的通知》（自然资发〔2019〕87 号）中要求，要全面启动国土空间规划编制，实现"多规合一"；做好过渡期内现有空间规划的衔接协同；明确国土空间规划报批审查的要点；改进规划报批审查方式。

要建立国土空间规划体系。国土空间规划分为"五级三类"，"五级"对应我国的行政管理体系，分五个层级，就是国家级、省级、市级、县级、乡镇级。其中国家级规划侧重战略性，省级规划侧重协调性，市级、县级和乡镇级规划侧重实施性。"三类"是指规划的类型，分为总体规划、详细规划、相关专项规划。总体规划强调的是规划的综合性，是对一定区域（如行政区全域范围）涉及的国土空间保护、开发、利用、修复做全局性的安排。详细规划强调实施性，一般是在市县以下组织编制，是对具体地块用途和开发建设强度等作出的实施性安排，是开展国土空间开发保护活动、实施国土空间用途管制、核发城乡建设项目规划许可、进行各项建设等的法定依据。相关专项规划可在国家、省和市（县）层级编制，不同层级、不同地区的专项规划可结合实际选择编制的类型和精度。

3.2.1.3 新型城市基础设施建设

2020 年，住房和城乡建设部在《关于开展新型城市基础设施建设试点工作的函》（建改发函〔2020〕152 号）中指出，要加快推进基于信息化、数字化、智能化的新型城市基础设施建设（简称"新城建"），决定在重庆、太原、南京、苏州、杭州、嘉兴、福州、济南、青岛、济宁、郑州、广州、深圳、佛山、成都、贵阳 16 个城市开展"新城建"试点。按照住房和城乡建设部、中央网信办、科技部、工业和信息化部等 7 部委印发的《关于加快推进新型城市基础设施建设的指导意见》（建改发〔2020〕73 号）要求，以城市信息模型平台建设为基础，系统推进以下"新城建"的各项任务。

（1）全面推进城市信息模型（CIM）平台建设。深入总结试点经验，在全国各级城市全面推进 CIM 平台建设，打造智慧城市的基础平台。完善平台体系架构，加快形成国家、省、城市三级 CIM 平台体系，逐步实现三级平台互联互通。夯实平台数据基础，构建包括基础地理信息、建筑物和基础设施三维模型、标准化地址库等的 CIM 平台基础数据库，逐步更新完善，增加数据和模型种类，提高数据和模型精度，形成城市三维空间数据底版，推动数字城市和物理城市同步规划和建设。全面推进平台应用，充分发挥 CIM 平台的基础支撑作用，在城市体检、城市安全、智能建造、智慧市政、智慧社区、城市综合管理服务，以及政务服务、公共卫生、智慧交通等领域深化应用。对接 CIM 平台，加快推进工程建设项目审批三维电子报建，进一步完善国家、省、城市工程建设项目审批管理系统，加快实现全程网办便捷化、审批服务智能化，提高审批效率，确保工程建设项目快速落地。

（2）实施智能化市政基础设施建设和改造。组织实施智能化市政基础设施建设和改造行动计划，对城镇供水、排水、供电、燃气、热力等市政基础设施进行升级改造和智能化管理，进一步提高市政基础设施运行效率和安全性能。深入开展市政基础设施普查，全面掌握市政基础设施现状，明确智能化建设和改造任务。推进智能化感知设施建设，实现对市政基础设施运行数据的全面感知和自动采集。完善智慧海绵城市系统。加快智慧灯杆等多功能智慧杆柱建设。建立基于 CIM 平台的市政基础设施智能化管理平台，对水电气热等运行数据进行实时监测、模拟仿真和大数据分析，实现对管网漏损、防洪排涝、燃气安全等及时预警和应急处置，促进资源能源节约利用，保障市政基础设施安全运行。

（3）协同发展智慧城市与智能网联汽车。以支撑智能网联汽车应用和改善城市出行为切入点，建设城市道路、建筑、公共设施融合感知体系，打造智慧出行平台"车城网"，推动智慧城市与智能网联汽车协同发展。深入推进"5G+车联网"发展，加快布设城市道路基础设施智能感知系统，对车道线、交通标识、护栏等进行数字化改造，与智能网联汽车实现互联互通，提升车路协同水平。推动智能网联汽车在城市公交、景区游览、特种作业、物流运输等多场景应用，满足多样化智能交通运输需求。加快停车设施智能化改造和建设。依托 CIM 平台，建设集城市动态数据与静态数据于一体的"车城网"平台，聚合智能网联汽车、智能道路、城市建筑等多类城市数据，支撑智能交通、智能停车、城市管理等多项应用。因地制宜构建基于车城融合的电动车共享体系，建设完善的充换电设施，推行电动车智能化管理，鼓励电力、电信、电动车生产企业等参与投资运营。

3.2.1.4 智慧建造与建筑质量监管

国务院办公厅发布的《国务院办公厅转发住房城乡建设部关于完善质量保障体系提升建筑工程品质指导意见的通知》（国办函〔2019〕92 号）中要求：推进建筑信息模型（BIM）、大数据、移动互联网、云计算、物联网、人工智能等技术在设计，施工，运营维护全过程的集成应用，推广工程建设数字化成果交付与应用，提升建筑业信息化水平。加强监督管理，推进信用信息平台建设，完善全国建筑市场监管公共服务平台，加强信息归集，健全违法违规行为记录制度，及时公示相关市场主体的行政许可、行政处罚、抽查检查结果等信息，并与国家企业信用信息公示系统、全国信用信息共享平台等实现数据共享交换。

按照住房和城乡建设部、中央网信办、科技部、工业和信息化部等 7 部委印发的《关于加快推进新型城市基础设施建设的指导意见》（建改发〔2020〕73 号）中的要求，推动智能建造与建筑工业化协同发展。以大力发展新型建筑工业化为载体，以数字化、智能化升级为动力，打造建筑产业互联网，对接融合工业互联网，形成全产业链融合一体的智能建造产业体系。深化应用自主创新建筑信息模型技术，提升建筑设计、施工、运营维护协同水平，加强建筑全生命周期管理。大力发展数字设计、智能生产和智能施工，推进数字化设计体系建设，推行一体化集成设计，加快构建数字设计基础平台和集成系统；推动部品部件智能化生产与升级改造，实现部品部件的少人或无人工厂化生产；推动自动化施工机械、建筑机器人、3D 打印等相关设备集成与创新应用，提升施工质量和效率，降低安全风险。坚持标准化设计、工厂化生产、装配化施工、一体化装修、信息化管理和智能化应用，大力发展装配式建筑，推广钢结构住宅，加大绿色建材应用，建设高品质绿色建筑，实现工程建设的高效益、高质量、低消耗、低排放，促进建筑产业转型升级。

3.2.1.5 城市运行管理与安全应急

住房和城乡建设部、中央网信办、科技部、工业和信息化部等 7 部委印发的《关于加快推进新型城市基础设施建设的指导意见》（建改发〔2020〕73 号）中提出了以下要求。

1）建设智能化城市安全管理平台

以 CIM 平台为依托，整合城市体验、市政基础设施建设和运行、房屋建筑施工和使用安全等信息资源，充分运用现代科技和信息化手段，加强城市运行智能化管理。系统梳理城市安全风险隐患，确定智能化城市安全管理平台指标体系和基本架构，加快构建国家、省、城市三级平台体系，实现信息共享、分级监管、联动处置。结合推进城市建设安全专项整治三年行动，深化智能化城市安全管理平台应用，对城市安全风险实现源头管控、过程监测、预报预警、应急处置和综合治理，推动落实城市安全政府监管责任和企业主体责任，建立和完善城市应急和防灾减灾体系，提升城市安全韧性。

2）加快推进智慧社区建设

深化新一代信息技术在社区建设管理中的应用，实现社区智能化管理。以城市为单位，充分利用现有基础设施建设智慧社区平台，对物业、生活服务和政务服务等数据进行全域全量采集，为智慧社区建设提供数据基础和应用支撑。实施社区公共设施数字化、网络化、智能化改造和管理。对设备故障、消防隐患、高空抛物等进行监测预警和应急处置，对出入社区的车辆、人员进行精准分析和智能管控，保障居民人身财产安全。加强社区智能快递箱等智能配送设施和场所建设，并纳入社区公共服务设施规划。推动物业服务企业大力发展线上线下社区服务，通过智慧社区平台加强与各类市场主体合作，接入电商、配送、健身、文化、旅游、家装、租赁等优质服务，拓展家政、教育、护理、养老等增值服务，满足居民多样化需求。推进智慧社区平台与城市政务服务一体化平台对接，推动"互联网+政务服务"向社区延伸，打通服务群众的"最后一公里"。

3）推进城市综合管理服务平台建设

建立集感知、分析、服务、指挥、监察等为一体的城市综合管理服务平台，提升城市科学化、精细化、智能化管理水平。加快构建国家、省、城市三级综合管理服务平台体系，逐步实现三级平台互联互通、数据同步、业务协同。以城市综合管理服务平台为支撑，加强对城市管理工作的统筹协调、指挥监督、综合评价，及时回应群众关切，有效解决城市运行和管理中的各类问题，实现城市管理事项"一网统管"。

3.2.2　信息系统调研与需求

3.2.2.1　政务信息资源数据共享交换平台

《国务院关于印发政务信息资源共享管理暂行办法的通知》（国发〔2016〕51 号）中要求各政务部门按该办法规定负责本部门与数据共享交换平台（以下简称共享平台）的联通，并按照政务信息资源目录向共享平台提供共享的政务信息资源（以下简称共享信息），从共享平台获取并使用共享信息。

政务信息资源是指政务部门在履行职责过程中制作或获取的，以一定形式记录和保存的文件、资料、图表和数据等各类信息资源，包括政务部门直接或通过第三方依法采集、依法授权管理和因履行职责需要依托政务信息系统形成的信息资源等。

1）政务信息资源共享原则

（1）以共享为原则，不共享为例外。各政务部门形成的政务信息资源原则上应予共享，涉及国家秘密和安全的，按相关法律法规执行。

（2）需求导向，无偿使用。因履行职责须要使用共享信息的部门（以下简称使用部门）提出明确的共享需求和信息使用用途，共享信息的产生和提供部门（以下统称提供部门）应及时响应并无偿提供共享服务。

（3）统一标准，统筹建设。按照国家政务信息资源相关标准进行政务信息资源的采集、存储、交换和共享工作，坚持"一数一源"、多元校核，统筹建设政务信息资源目录体系和共享交换体系。

（4）建立机制，保障安全。联席会议统筹建立政务信息资源共享管理机制和信息共享工作评价机制，各政务部门和共享平台管理单位应加强对共享信息采集、共享、使用全过程的身份鉴别、授权管理和安全保障，确保共享信息安全。

国家发展改革委负责制定《政务信息资源目录编制指南》，明确政务信息资源的分类、责任方、格式、属性、更新时限、共享类型、共享方式、使用要求等内容。

2）政务信息资源分类与共享要求

政务信息资源按共享类型分为无条件共享、有条件共享、不予共享三种类型。

可提供给所有政务部门共享使用的政务信息资源属于无条件共享类。

可提供给相关政务部门共享使用或仅能够部分提供给所有政务部门共享使用的政务信息资源属于有条件共享类。

不宜提供给其他政务部门共享使用的政务信息资源属于不予共享类。

3）共享信息的提供与使用

共享平台是管理国家政务信息资源目录、支撑各政务部门开展政务信息资源共享交换的国家关键信息基础设施，包括共享平台（内网）和共享平台（外网）两部分。

共享平台（内网）应按照涉密信息系统分级保护要求，依托国家电子政务内网建设和管理；共享平台（外网）应按照国家网络安全相关制度和要求，依托国家电子政务外网建设和管理。

各政务部门业务信息系统原则上通过国家电子政务内网或国家电子政务外网承载，通过共享平台与其他政务部门共享交换数据。各政务部门应抓紧推进本部门业务信息系统向国家电子政务内网或国家电子政务外网迁移，并接入本地区共享平台。凡新建的需要跨部门共享信息的业务信息系统，必须通过各级共享平台实施信息共享，原有跨部门信息共享交换系统应逐步迁移到共享平台。

《国务院办公厅关于印发政务信息系统整合共享实施方案的通知》（国办发〔2017〕39号）中提出了政务信息系统整合共享的工作目标，以推动政务信息系统整合共享。具体工作目标如下。

2017年12月底前，整合一批、清理一批、规范一批，基本完成国务院部门内部政务信息系统整合清理工作，初步建立全国政务信息资源目录体系，政务信息系统整合共享在一些重要领域取得显著成效，一些涉及面宽、应用广泛、有关联需求的重要政务信息系统实现互联互通。2018 年 6 月底前，实现国务院各部门整合后的政务信息系统接入国家数据共享交换平台，各地区结合实际统筹推进本地区政务信息系统整合共享工作，初步实现国务院部门和地方政府信息系统互联互通。完善项目建设运维统一备案制度，加强信息共享审计、监督和评价，推动政务信息化建设模式优化，政务数据共享和开放在重点领域取得突破性进展。

实施方案中具体指定了"十件大事"。

（1）"审""清"结合，加快消除"僵尸"信息系统。

（2）推进整合，加快部门内部信息系统整合共享。

（3）设施共建，提升国家统一电子政务网络支撑能力。

（4）促进共享，推进接入统一数据共享交换平台。

（5）推动开放，加快公共数据开放网站建设。

（6）强化协同，推进全国政务信息共享网站建设。

（7）构建目录，开展政务信息资源目录编制和全国大普查。

（8）完善标准，加快构建政务信息共享标准体系。

（9）一体化服务，规范网上政务服务平台体系建设。

（10）上下联动，开展"互联网+政务服务"试点。

CIM 数据资源是城市公共的空间数据底座，是重要的信息基础设施，是应该共享的重要政务信息资源。纳入整合共享范畴的不仅包括 CIM 数据资源，还包括由政府投资建设、政府与社会企业联合建设、政府向社会购买服务或需要政府资金运行维护的，用于支撑政府业务应用的 CIM 平台和各类 CIM 应用信息系统。

3.2.2.2　智慧城市时空大数据平台

《智慧城市时空大数据平台建设技术大纲》（2019 版）指出智慧城市时空大数据平台的建设目标为在数字城市地理空间框架的基础上，依托城市云支撑环境，实现向智慧城市时空大数据平台的提升，开发智慧专题应用系统，为智慧城市时空大数据平台的全面应用积累经验。凝练智慧城市时空大数据平台建设管理模式、技术体系、运行机制、应用服务模式和标准规范及政策法规，为推动全国数字城市地理空间框架建设向智慧城市时空大数据平台的升级转型奠定基础。

其建设内容涵盖五部分。

1）统一时空基准

时空基准是指时间和地理空间维度上的基本参考依据和度量的起算数据。时空基准是经济建设、国防建设和社会发展的重要基础设施，是时空大数据在时间和空间维度上的基本依据。时间基准中的日期应采用公历纪年，时间应采用北京时间。空间定位基础采用 2000 国家大地坐标系和 1985 国家高程基准。

2）丰富时空大数据

时空大数据主要包括时序化的基础时空数据、公共专题数据、物联网实时感知数据、互联网在线抓取数据和根据本地特色扩展数据，构成智慧城市建设所需的地上地下、室内室外、虚实一体化、开放、鲜活的时空数据资源。

3）构建云平台

面向两种不同应用场景，构建桌面平台和移动平台。通过时空大数据池化、服务化，形成服务资源池，内容包括数据服务、接口服务、功能服务、计算存储服务、知识服务；扩充地理实体、感知定位、接入解译及模拟推演 API 接口，形成应用接口；新增地名地址引擎、业务流引擎、知识引擎、服务引擎。在此基础上，开发任务解析模块、物联网实时感知模块、互联网在线抓取模块、可共享接口聚合模块，创建开放的、具有自学习能力的智能化技术系统。

4）搭建云支撑环境

鼓励有条件的城市将时空大数据平台迁移至全市统一、共用的云支撑环境中；不具备条件的城市可以改造原有部门支撑环境，部署时空大数据平台，形成云服务能力。

5）开展智慧应用

基于时空大数据平台，根据各城市的特点和需求，本着急用先建的原则，开展智慧应用示范。实施过程中，在城市人民政府统筹领导下，以应用部门为主，自然资源部门做好数据与技术支撑，在原有部门信息化成果基础上，突出实时数据接入、时空大数据分析和智能化处置等功能，鼓励采用多元化的投融资模式，开展深入应用。

3.2.2.3 工程建设项目审批管理系统

2019 年《国务院办公厅关于全面开展工程建设项目审批制度改革的实施意见》（国

办发〔2019〕11 号）提出工程建设项目审批制度改革的主要目标包括压缩全国工程建设项目审批时间，建立省（自治区）和地级及以上城市工程建设项目审批制度框架和信息数据平台；工程建设项目审批管理系统与相关系统平台互联互通。该文件要求建立完善的工程建设项目审批管理系统。地级及以上地方人民政府要按照"横向到边、纵向到底"的原则，整合建设覆盖地方各有关部门和区、县的工程建设项目审批管理系统，并与国家工程建设项目审批管理系统对接，实现审批数据实时共享。省级工程建设项目审批管理系统要将省级工程建设项目审批事项纳入系统管理，并与国家和本地区各城市工程建设项目审批管理系统实现审批数据实时共享。研究制定工程建设项目审批管理系统管理办法，通过工程建设项目审批管理系统加强对工程建设项目审批的指导和监督。

地方工程建设项目审批管理系统要具备"多规合一"业务协同、在线并联审批、统计分析、监督管理等功能，在"一张蓝图"基础上开展审批，实现统一受理、并联审批、实时流转、跟踪督办。以应用为导向，打破"信息孤岛"，实现工程建设项目审批管理系统与全国一体化在线政务服务平台的对接，推进工程建设项目审批管理系统与投资项目在线审批监管平台等相关部门审批信息系统的互联互通。地方人民政府要在工程建设项目审批管理系统整合建设资金安排上给予保障。

3.2.2.4　城市信息模型（CIM）平台

《住房城乡建设部关于开展运用建筑信息模型系统进行工程建设项目审查审批和城市信息模型平台建设试点工作的函》（建城函〔2018〕222 号）、《住房和城乡建设部办公厅关于开展城市信息模型（CIM）平台建设试点工作的函》中确定了北京城市副中心、广州、南京、厦门、雄安新区一同被列为运用 BIM 系统和 CIM 平台建设的试点地区。试点要求完成"运用 BIM 系统实现工程建设项目电子化审批审查""探索建设 CIM 平台""统一技术标准"，以及为"中国智能建造"提供需求支撑等任务。试点城市政府要以工程建设项目三维电子报建为切入点，在"多规合一"的基础上，建设具有规划审查、建筑设计方案审查、施工图审查、竣工验收备案等功能的 CIM 平台，精简和改革工程建设项目审批程序，减少审批时间，探索建设智慧城市基础平台。

《关于开展城市信息模型（CIM）基础平台建设的指导意见》（建科〔2020〕59 号）（以下简称《意见》）对 CIM 基础平台的建设提出了总体要求，明确了以习近平新时代中国特色社会主义思想为指导，全面贯彻党的十九大和十九届二中、三中、四中全会精神，坚持新发展理念，坚持以人民为中心的发展思想，通过信息资源整合提升，建设基础性、关键性的 CIM 基础平台，构建城市三维空间数据底版，推进 CIM 基础平台在城市规划建设管理和其他行业领域的广泛应用，构建丰富多元的"CIM+"应用体系，带动相关产业基础能力提升，推进信息化与城镇化在更广范围、更深程度、更高水平融合。开展 CIM 基础平台建设的主要目标为：全面推进城市 CIM 基础平台建设和 CIM 基础平台在城市规划建设管理领域的广泛应用，带动自主可控技术应用和相关产业发展，提升城市精细化、智慧化管理水平。《意见》中强调加强统筹协调，构建国家、省、城市三级 CIM 基础平台的互联互通，共建共享 CIM 基础平台。

1）明确平台定位

CIM 基础平台是在城市基础地理信息的基础上，建立建筑物、基础设施等三维数字模型，表达和管理城市三维空间的基础平台，是城市规划、建设、管理、运行工作的基础性操作平台，是智慧城市的基础性、关键性和实体性的信息基础设施。各地住房和城乡建设、工业和信息化、网络和信息安全等部门要在城市既有信息平台基础上，加快建设统一共享的 CIM 基础平台，加强与相关业务系统对接，实现数据、技术、业务的融合。

2）构建平台功能

城市级 CIM 基础平台应具备基础数据接入与管理、模型数据汇聚与融合、多场景模型浏览与定位查询、运行维护和网络安全管理、支撑"CIM+"平台应用的开放接口等基础功能。国家级、省级 CIM 基础平台应具备重要数据汇聚、核心指标统计分析、跨部门数据共享和对下一级 CIM 基础平台运行状况监测等功能。

3）构建基础数据库

CIM 基础平台应构建包括基础地理信息、建筑物和基础设施的三维数字模型、标准化地址库等信息的 CIM 基础数据库。有条件的城市可在此基础上增加城市倾斜摄影模型、BIM、地下管线管廊和地下空间模型等多种类、高精度的模型数据，不断更新完善城市三维数字模型库。建立统一的数据资源体系，并按照建库和访问要求，形成逻辑统一、分布存储的 CIM 基础数据库。

4）统一平台和数据标准

遵循国家统一时空基准等现有标准，完善 CIM 基础平台相关技术标准、数据标准和应用标准。加强与 BIM 等相关领域标准的衔接，支持跨领域标准化合作，推进 CIM 基础平台与 BIM 软件产品、服务标准的贯通。加快 CIM 基础平台国家标准和技术规范的推广应用，推动地方建立标准化地址库，确保国家、省、城市三级平台的数据互联互通。

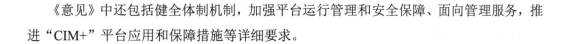

《意见》中还包括健全体制机制，加强平台运行管理和安全保障、面向管理服务，推进"CIM+"平台应用和保障措施等详细要求。

3.2.3　数据资源调研与需求

3.2.3.1　城市时空数据

2012 年，为进一步推动城市信息化进程，更好地满足城市运行、管理与服务的自动化、智能化需求，及时有效地为智慧城市探索与建设提供地理信息服务，国家测绘地理信息局决定组织开展智慧城市时空信息云平台建设试点工作，推进智慧城市时空信息云平台建设，发布了《关于开展智慧城市时空信息云平台建设试点工作的通知》（国测国发〔2012〕122 号）。其中时空数据建设内容为采集并集成各时期的地理信息、现势地理信息、实时位置信息、多维度可视化地理信息和实时信息等。

在 2019 年自然资源部印发的《智慧城市时空大数据平台建设技术大纲》中，时空大数据应包括基础时空数据、公共专题数据、物联网实时感知数据、互联网在线抓取数据，及其驱动的数据引擎和多节点分布式大数据管理系统。详细内容要求如下。

1）基础时空数据

基础时空数据内容至少包括矢量数据、影像数据、高程模型数据、地理实体数据、地名地址数据、三维模型数据、新型测绘产品数据及其元数据。

（1）矢量数据。进一步丰富大比例尺矢量数据，确保 1∶500、1∶1 000、1∶2 000 等大比例尺地形图至少覆盖规划区范围，1∶5 000 或 1∶10 000 应覆盖市辖范围。

（2）影像数据。进一步丰富高分辨率影像数据，0.1m 或 0.2m 影像等至少覆盖规划区范围，0.5m 影像应覆盖市辖范围。

（3）高程模型数据。进一步丰富高程模型数据，0.5m、1m 格网至少覆盖规划区范围，2m、5m 格网应覆盖市辖范围。

（4）地理实体数据。以地形图为基础，对境界、政区、道路、水系、院落、建筑物、植被等内容进行实体化，并赋予唯一编码，作为与其他行业和专题数据进行关联的基础。

（5）地名地址数据。应扩充自然村以上的行政地名，建立市（地区、自治州、盟）级、县（区、县级市）级、乡（镇、街道）级和行政村（社区）级四级区划单元，实现市辖范围精细化地名地址全覆盖。

（6）三维模型数据。该数据至少分等级实现市辖范围全覆盖。政治、经济、文化、交通、旅游等方面的地标（标志）性中心区，中心商务区（CBD）及特定区域应建立一级模型；除上述以外的政治、经济、文体、交通、旅游等中心区域，高档住宅、公寓及特定区域应建立二级模型；其他政治、经济、文体、交通、旅游等中心区域，普通住宅及特定区域应建立三级模型；城中村、棚户区、工厂厂房区等区域，远郊、农村地区及特定区域应建立四级模型。

（7）新型测绘产品数据。该数据宜涵盖全景及可量测实景影像、倾斜影像、激光点云数据、室内地图数据、地下空间数据、建筑信息模型数据等。

2）公共专题数据

公共专题数据内容至少包括法人数据、人口数据、宏观经济数据、民生兴趣点数据及其元数据。其中民生兴趣点数据宜涵盖制造企业、批发和零售、交通运输和邮政、住宿和餐饮、信息传输和计算机服务、金融和保险、房地产、商务服务、居民服务、教育科研、卫生社会保障和社会福利、文化体育娱乐、公共管理和社会组织等内容。

3）物联网实时感知数据

物联网实时感知数据是通过物联网智能感知具有时间标识的实时数据，其内容至少包括采用空、天、地一体化对地观测传感网实时获取的基础时空数据和依托专业传感器感知的、可共享的行业专题实时数据，以及其元数据。其中，实时获取的基础时空数据包括实时位置信息、影像和视频，行业专题实时数据包括交通、环保、水利、气象等监控与监测数据。

4）互联网在线抓取数据

根据不同任务需要，采用网络爬虫等技术，通过互联网在线抓取完成任务所缺失的数据。

3.2.3.2 政务信息资源

2017 年 6 月，为贯彻落实《国务院关于印发促进大数据发展行动纲要的通知》（国发〔2015〕50 号）、《国务院关于印发政务信息资源共享管理暂行办法的通知》（国发〔2016〕51 号）、《国务院办公厅关于转发国家发展改革委等部门推进"互联网+政务服务"开展信息惠民试点实施方案的通知》（国办发〔2016〕23 号）、《国务院办公厅关于印发政务信息系统整合共享实施方案的通知》（国办发〔2017〕39 号）等文件精神，加快建立政府数据资源目录体系，推进政府数据资源的国家统筹管理，国家发展改革委、中央网信办制定了《政务信息资源目录编制指南（试行）》。政务信息资源分类和编码示例如图 3-1 所示。

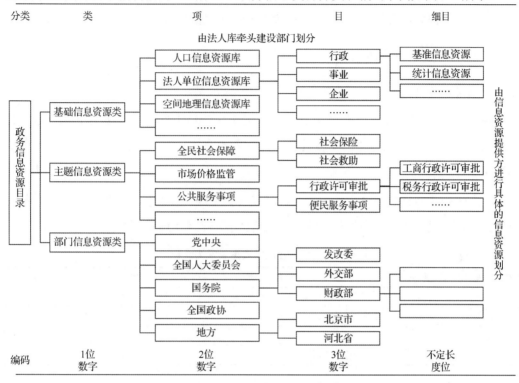

图 3-1 政务信息资源分类和编码示例

（来源：《政务信息资源目录编制指南（试行）》）

政务信息资源目录按资源属性分为基础信息资源目录、主题信息资源目录、部门信息资源目录三种类型。

（1）基础信息资源目录是对国家基础信息资源的编目。国家基础信息资源包括国家人口基础信息资源、法人单位基础信息资源、自然资源和空间地理基础信息资源、社会信用基础信息资源、电子证照基础信息资源等。其中人口、法人、自然资源和空间地理基础信息与城市信息模型紧密相关。

（2）主题信息资源目录是围绕经济社会发展的同一主题领域，由多部门共建项目形成的政务信息资源目录。主题领域包括但不限于公共服务、健康保障、社会保障、食品药品安全、安全生产、价格监管、能源安全、信用体系、城乡建设、社区治理、生态环保、应急维稳等。其中，城乡建设主题信息资源跟城市信息模型紧密相关，包含工程建设项目数据。

（3）部门信息资源目录是对政务部门信息资源的编目。部门信息资源包括：党中央、全国人大常委会、国务院、全国政协、最高人民法院、最高人民检察院的政务部门信息资源，省（自治区、直辖市）、计划单列市及其下各级的政务部门信息资源。

3.2.3.3 规划管控数据

规划管控数据应包含空间管控类、规划编制成果类。

规划管控数据主要是指平台涉及的各个层次和各种类型的规划成果空间数据。凡是纳入"多规合一"业务协同平台的数据均应符合国家、行业及地区现行的技术标准或规定。

空间管控类数据应包含生态、农业、城镇三类空间，以及生态保护红线、永久基本农田、城镇开发边界。空间管控类数据要素构成表如表 3-1 所示。

表 3-1　空间管控类数据要素构成表

序　号	数据分类	要素名称	几何特征	约束条件
1	空间管控类	生态、农业、城镇三类空间	面	M
2		生态保护红线	面	M
3		永久基本农田	面	M
4		城镇开发边界	面	M

规划编制成果类应包含总体规划主体功能区、控制性详细规划、村庄规划、近期建设规划及各类专项规划。规划编制成果类数据要素构成表如表 3-2 所示。

表 3-2　规划编制成果类数据要素构成表

序　号	数据分类	要素名称	几何特征	约束条件
1	战略引导型规划	总体规划	面	M
2		主体功能区	面	C
3	实施管控型规划	控制性详细规划	面	M
4		村庄规划	面	C
5		近期建设规划	面	C
6	专项规划	风景名胜区规划	面	C
7		历史文化保护规划	点	C
			面	
8		供水专项规划	点	C
9			线	C
10		排水专项规划	点	C
11			线	C

续表

序　号	数据分类	要素名称	几何特征	约束条件
12	专项规划	电力专项规划	点	C
13			线	C
14		通信专项规划	点	C
15			线	C
16		燃气专项规划	点	C
17			线	C
18		供热专项规划	点	C
19			线	C
20		环卫专项规划	点	C
21		国家公园	面	C
22		饮用水源保护区	面	M
23		自然保护区	面	M
24		森林公园	面	M
25		湿地公园	面	M
26		海洋功能区	面	M
27	其他规划	—	—	O

城市设计数据应包含总体城市设计基础数据、控规单元及地块层次级三维基础数据、管控要素三维数据。总体城市设计数据涵盖各类评估、控导及区域划分等二维专题数据，用于指导控规单元及地块层次级城市设计的编制。控规单元及地块层次级三维基础数据作为控规单元及地块层次级城市设计方案的基础数字沙盘三维场景，主要用于方案演示、研讨及审批等方面。涉及空间信息的管控要素可转化为三维数据，这些三维数据作为 BIM 建筑方案进行管控及冲突比对的数据基础，主要用于城市设计实施信息化层面应用方向。

3.2.3.4　自然资源调查数据

2020 年 1 月，《自然资源部关于印发〈自然资源调查监测体系构建总体方案〉的通知》（自然资发〔2020〕15 号）要求：建立自然资源分类标准，构建调查监测系列规范；调查我国自然资源状况，包括种类、数量、质量、空间分布等；监测自然资源动态变化情况；建设调查监测数据库，建成自然资源日常管理所需的"一张底版、一套数据和一个平台"。自然资源调查分为基础调查和专项调查。其中，基础调查是对自然资源共性特征开展的调查，专项调查指为自然资源的特性或特定需要开展的专业性调查。基础调查和专项调查相结合，共同描述自然资源总体情况。

1. 自然资源调查

1）基础调查

基础调查的主要任务是查清各类自然资源体投射在地表的分布和范围，以及开发利用与保护等基本情况，掌握最基本的全国自然资源本底状况和共性特征。基础调查以各类自然资源的分布、范围、面积、权属性质等为核心内容，以地表覆盖为基础，按照自然资源管理基本需求，组织开展我国陆海全域的自然资源基础性调查工作。基础调查属重大的国情国力调查，由党中央、国务院部署安排。为保证基础调查成果的现势性，组织开展自然资源成果年度更新，及时掌握全国每一块自然资源的类型、面积、范围等方面的变化情况。当前，以第三次全国国土调查（以下简称"国土三调"）为基础，集成现有的森林资源清查、湿地资源调查、水资源调查、草原资源清查等数据成果，形成自然资源管理的调查监测"一张底版"。按照自然资源分类标准，适时组织开展全国性的自然资源调查工作。

2）专项调查

专项调查是针对土地、矿产、森林、草原、水、湿地、海域海岛等自然资源的特性，专业管理和宏观决策需求，组织开展自然资源的专业性调查，以查清各类自然资源的数量、质量、结构、生态功能及相关人文地理等多维度信息。建立自然资源专项调查工作机制，根据专业管理的需要，定期组织全国性的专项调查，发布调查结果。

（1）耕地资源调查。在基础调查耕地范围内开展耕地资源专项调查工作，查清耕地的等级、健康状况、产能等，掌握全国耕地资源的质量状况。每年对重点区域的耕地质量情况进行调查，包括对耕地的质量、土壤酸化及盐渍化和其他生物化学成分组成等进行跟踪，分析耕地质量变化趋势。

（2）森林资源调查。查清森林资源的种类、数量、质量、结构、功能和生态状况及变化情况等，获取全国森林覆盖率、森林蓄积量，以及森林起源、树种、龄组、郁闭度等指标数据。每年发布森林蓄积量、森林覆盖率等重要数据。

（3）草原资源调查。查清草原的类型、生物量、等级、生态状况以及变化情况等，获取全国草原植被覆盖度、草原综合植被盖度、草原生产力等指标数据，掌握全国草原植被生长、利用、退化、鼠害与病虫害、草原生态修复状况等信息。每年发布草原综合植被盖度等重要数据。

（4）湿地资源调查。查清湿地类型、分布、面积，以及湿地水环境、生物多样性、保护与利用、受威胁状况等现状及其变化情况，全面掌握湿地生态质量状况及湿地损毁等变化趋势，形成湿地面积、分布、湿地率、湿地保护率等数据。每年发布湿地保护率等数据。

当前，在"国土三调"中，对全国湿地调查成果进行实地核实，验证每块湿地的实地现状，确定其类型、边界、范围和面积，更新全国湿地调查结果。"国土三调"结束后，利用两到三年时间，以高分辨率遥感影像和高精度数字高程模型为支撑，详细调查湿地植被情况、水源补给、流出状况、积水状况及鸟类情况等。

（5）水资源调查。查清地表水资源量、地下水资源量、水资源总量，水资源质量，河流年平均径流量，湖泊水库的蓄水动态，地下水位动态等现状及变化情况；开展重点区域水资源详查。每年发布全国水资源调查结果数据。

（6）海洋资源调查。查清海岸线类型（如基岩岸线、砂质岸线、淤泥质岸线、生物岸线、人工岸线）、长度，查清滨海湿地、沿海滩涂、海域类型、分布、面积和保护利用状况，以及海岛的数量、位置、面积、开发利用与保护等现状及其变化情况，掌握全国海岸带保护利用情况、围填海情况，以及海岛资源现状及其保护利用状况。同时，开展海洋矿产资源（包括海砂、海洋油气资源等）、海洋能（包括海上风能、潮汐能、潮流能、波浪能、温差能等）、海洋生态系统（包括珊瑚礁、红树林、海草床等）、海洋生物资源（包括鱼卵、籽鱼、浮游动植物、游泳生物、底栖生物的种类和数量等）、海洋水体、地形地貌等调查。

（7）地下资源调查。地下资源调查主要为矿产资源调查，任务是查明成矿远景区地质背景和成矿条件，开展重要矿产资源潜力评价，为商业性矿产勘查提供靶区和地质资料；摸清全国地下各类矿产资源状况，包括陆地地表及地下各种矿产资源矿区、矿床、矿体、矿石主要特征数据和已查明资源储量信息等。掌握矿产资源储量利用现状和开发利用水平及变化情况。每年发布全国重要矿产资源调查结果。

地下资源调查还包括以城市为主要对象的地下空间资源调查，以及海底空间和利用，查清地下天然洞穴的类型、空间位置、规模、用途等，以及可利用的地下空间资源分布范围、类型、位置及体积规模等。

（8）地表基质调查。查清岩石、砾石、沙、土壤等地表基质类型，理化性质及地质景观属性等。条件成熟时，结合已有的基础地质调查等工作，组织开展全国地表基质调查，必要时进行补充调查与更新。

除以上专项调查外，还可结合国土空间规划和自然资源管理需要，有针对性地组织开展城乡建设用地和城镇设施用地、野生动物、生物多样性、水土流失、海岸带侵蚀，以及荒漠化和沙化石漠化等方面的专项调查。

自然资源调查监测数据库是自然资源管理"一张底版、一套数据、一个平台"的重要内容，是国土空间基础信息平台的数据支撑。充分利用大数据、云计算、分布式存储等技术，按照"物理分散、逻辑集成"原则，建立自然资源调查监测数据库，实现对各类自然资源调查监测数据成果的集成管理和网络调用。

构建自然资源立体时空数据模型，以自然资源调查监测成果数据为核心内容，以基础地理信息为框架，以数字高程模型、数字表面模型为基底，以高分辨率遥感影像为覆盖背景，利用三维可视化技术，将基础调查获得的共性信息层与专项调查的特性信息层进行空间叠加，形成地表覆盖层。叠加各类审批规划等管理界线，以及相关的经济社会、人文地理等信息，形成管理层。建成自然资源三维立体时空数据库，直观反映自然资源的空间分布及变化特征，实现对各类自然资源的综合管理。

采用"专业化处理、专题化汇集、集成式共享"的模式，按照数据整合标准和规范要求，组织对历史数据进行标准化整合，集成建库，形成统一空间基础和数据格式的各类自然资源调查监测历史数据库。同时，每年的动态遥感监测结果也及时纳入数据库，实现对各类调查成果的动态更新。

2. 成果内容

（1）数据及数据库：包括各类遥感影像数据，各种调查、监测及分析评价数据，以及数据库、共享服务系统等。

（2）统计数据集：包括分类、分级、分地区、分要素统计形成的各项调查，以及监测系列数据集、专题统计数据集、各类分析评价数据集等。

（3）报告：包括工作报告、统计报告、分析评价报告，以及专题报告、公报等。

（4）图件：包括图集、图册、专题图、挂图、统计图等。

我国分别进行了第一次全国土地调查（1984—1997）、第二次全国土地调查（2007—2009）和第三次全国国土调查（2017—2020）。最近的第三次全国国土调查的主要目标是在第二次全国土地调查成果的基础上，全面细化和完善全国土地利用基础数据，掌握翔实准确的全国国土利用现状和自然资源变化情况，进一步完善国土调查、监测和统计制度，实现成果信息化管理与共享，满足生态文明建设、空间规划编制、供给侧结构性改革、宏观调控、自然资源管理体制改革和统一确权登记、国土空间用途管制、国土空间生态修复、空间治理能力现代化和国土空间规划体系建设等各项工作的需要。

调查按照国家统一标准，在全国范围内利用遥感、测绘、地理信息、互联网等技术，统筹利用现有资料，以正射影像图为基础，实地调查土地的地类、面积和权属，全面掌握全国耕地、种植园、林地、草地、湿地、商业服务业用地、工矿用地、住宅用地、公共管理与公共服务用地、交通运输用地、水域及水利设施用地等地类分布及利用状况；细化耕地调查，全面掌握耕地数量、质量、分布和构成；开展低效闲置土地调查，全面摸清城镇及开发区范围内的土地利用状况；同步推进相关自然资源专业调查，整合相关自然资源专业信息；建立互联共享且覆盖国家、省、地、县四级的，集影像、地类、范围、面积、权属和相关自然资源信息为一体的国土调查数据库，完善各级互联共享的网络化管理系统；健全国土及森林、草原、水、湿地等自然资源变化信息的调查和统计，以及全天候、全覆盖遥感监测与快速更新机制。

第三次全国土地调查的成果包含以下内容。

（1）数据汇总。在国土调查数据库基础上，逐级汇总各级行政区划内的城镇和农村各类土地利用数据及专项数据。

（2）成果分析。

（3）数据成果制作与图件编制。基于"国土三调"数据，制作系列数据成果，编制国家、省、地、县各级系列土地利用图件和各种专题图件等，面向政府机关、科研机构和社会公众提供不同层级的数据服务，满足各行各业对"国土三调"成果的需求，最大限度发挥重大国情国力调查的综合效益。

根据《国务院第三次全国国土调查领导小组办公室关于发布〈国土调查数据库标准（试行修订稿）〉的通知》（国土调查办发〔2019〕8 号），国土调查数据库包括基础地理要素、土地要素、独立要素。国土调查数据库各类要素的代码与名称描述如表 3-3 所示。

表 3-3　国土调查数据库各类要素的代码与名称描述

要素代码	层代码	要素名称	说　　明
1000000000	1000	基础地理要素	
1000100000	1100	定位基础	
1000110000	1110	测量控制点	
1000110408	1120	数字正射影像图纠正控制点	GB/T 13923 的扩展
1000119000	1130	测量控制点注记	
1000600000	1200	境界与政区	
1000600100	1210	行政区	GB/T 13923 的扩展

要素代码	层代码	要素名称	说　明
1000600200	1220	行政区界线	GB/T 13923 的扩展
1000609000	1230	行政区注记	GB/T 13923 的扩展
1000600400	1240	村级调查区	
1000600500	1250	村级调查区界线	
1000608000	1260	村级调查区注记	
1000700000	1300	地貌	
1000710000	1310	等高线	
1000720000	1320	高程注记点	
1000780000	1330	坡度图	GB/T 13923 的扩展
1000800000	1400	遥感影像	GB/T 13923 的扩展
1000810000	1410	数字航空正射影像图	GB/T 13923 的扩展
1000820000	1420	数字航天正射影像图	GB/T 13923 的扩展
1000900000	1500	数字高程模型	GB/T 13923 的扩展
2000000000	2000	土地要素	
2001000000	2100	土地利用要素	
2001010100	2110	地类图斑	
2001010200	2120	地类图斑注记	
2005000000	2500	永久基本农田要素	
2005010300	2510	永久基本农田图斑	
2005010900	2520	永久基本农田注记	
2099000000	2900	其他土地要素	
2099010000	2910	临时用地要素	
2099010100	2911	临时用地	
2099010200	2912	临时用地注记	
2099020000	2920	批准未建设土地要素	
2099020100	2921	批准未建设土地	
2099020200	2922	批准未建设土地注记	
2099030000	2930	城镇村等用地要素	
2099030100	2931	城镇村等用地	
2099030200	2932	城镇村等用地注记	
2099040000	2940	耕地等别要素	
2099040100	2941	耕地等别	
2099040200	2942	耕地等别注记	
2099050000	2950	重要项目用地要素	
2099050100	2951	重要项目用地	
2099050200	2952	重要项目用地注记	
2099060000	2960	开发园区要素	
2099060100	2961	开发园区	

要素代码	层代码	要素名称	说　明
2099060200	2962	开发园区注记	
2099070000	2970	光伏板区要素	
2099070100	2971	光伏板区	
2099070200	2972	光伏板区注记	
2099080000	2980	推土区要素	
2099080100	2981	推土区	
2099080200	2982	推土区注记	
2099090000	2990	拆除未尽区要素	
2099090100	2991	拆除未尽区	
2099090200	2992	拆除未尽区注记	
2099100000	29A0	路面范围要素	
2099100100	29A1	路面范围	
2099100200	29A2	路面范围注记	
2099110000	29B0	无居民海岛要素	
2099110100	29B1	无居民海岛	
2099110200	29B2	无居民海岛注记	
3000000000	3000	独立要素	其他相关部门产生的数据要素
3001000000	3100	自然保护区要素	
3001010000	3110	国家公园要素	
3001010100	3111	国家公园	
3001010200	3112	国家公园注记	
3001020000	3120	自然保护区要素	
3001020100	3121	自然保护区	
3001020200	3122	自然保护区注记	
3001030000	3130	森林公园要素	
3001030100	3131	森林公园	
3001030200	3132	森林公园注记	
3001040000	3140	风景名胜区要素	
3001040100	3141	风景名胜区	
3001040200	3142	风景名胜区注记	
3001050000	3150	地质公园要素	
3001050100	3151	地质公园	
3001050200	3152	地质公园注记	
3001060000	3160	世界自然遗产保护区要素	
3001060100	3161	世界自然遗产保护区	
3001060200	3162	世界自然遗产保护区注记	
3001070000	3170	湿地公园要素	
3001070100	3171	湿地公园	

要素代码	层代码	要素名称	说明
3001070200	3172	湿地公园注记	
3001080000	3180	饮用水水源地要素	
3001080100	3181	饮用水水源地	
3001080200	3182	饮用水水源地注记	
3001090000	3190	水产种植资源保护区要素	
3001090100	3191	水产种植资源保护区	
3001090200	3192	水产种植资源保护区注记	
3001990000	3099	其他类型禁止开发区要素	
3001990100	3097	其他类型禁止开发区	
3001990200	3098	其他类型禁止开发区注记	
3002000000	3200	城市开发边界要素	
3002010000	3210	城市开发边界	
3002020000	3211	城市开发边界注记	
3003000000	3300	生态保护红线要素	
3003010000	3310	生态保护红线	
3003020000	3311	生态保护红线注记	

注 1：本表的要素代码中的第 5 位至第 10 位代码参考 GB/T 13923。

注 2：行政区、行政区界线与行政区注记要素参考 GB/T 13923 的结构进行扩充，各级行政区的信息使用行政区与行政区界线属性表描述

《国土资源部关于印发〈全国土地变更调查工作规则（试行）〉的通知》（国土资发〔2011〕180 号）规定，全国土地变更调查工作应在各地日常变更工作的基础上，每年集中开展一次。

在调查工作中开展年度土地变更调查工作。各级国土资源主管部门将土地审批、土地供应、土地节约集约利用、耕地占补平衡、执法检查、矿产资源勘查开发监管等各类日常管理信息，实时登录并更新至综合信息监管平台。

《自然资源部办公厅关于发布国土调查数据库更新技术文件及数据库质量检查软件的函》（自然资办函〔2021〕371 号）中发布了《国土调查数据库更新变更规则》《国土调查数据库更新数据规范（试行）》《国土变更调查县级数据库质量检查规则（试行）》。

省级地籍业务部门负责组织市县级地籍业务部门，按照国家统一的土地调查数据库更新技术标准与规范，在日常数据库更新的基础上，依据日常实时监管信息和土地利用实际变化情况，每一年度，年底全面更新县级土地调查数据库，并逐级汇总土地变更调查成果。变更调查成果通过国家级质量检查和成果核查审查后，纳入国家级土地调查数据库。

3.3　需求与差距分析

目前，各地政府部门都已积累了一定的数据和应用系统基础，但结合需求分析，在业务优化、标准体系化、数据治理、平台建设及运维管理等方面仍存在不小的差距，具体如下。

3.3.1　CIM 标准需求

2020 年 9 月 21 日，《住房和城乡建设部办公厅关于印发〈城市信息模型（CIM）基础平台技术导则〉的通知》（建办科〔2020〕45 号）出台，发布了全国首部 CIM 技术指引文件，即《城市信息模型（CIM）基础平台技术导则》，其中提到：

针对不同数据建设要求和业务办理需求，住建部门现已编制形成了一系列技术标准和工作指引，但仍存在标准零散、不成体系、缺乏统一的 CIM 标准体系等问题，主要体现在以下几个方面：一是相关标准零散；二是各个标准规范不够完善；三是工程建设 BIM 报建审查标准需完善优化。梳理整合现有标准，制定统一的 CIM 标准体系，为构建 CIM 平台提供严格的标准规范支撑。

3.3.2　CIM 数据需求

CIM 涉及工程建设项目、国土、规划、交通、城管、消防、不动产、矿产、测绘、执法监察等多方面业务，数据类别与具体业务绑定；各市局、处室、区局、局下事业单位分散着大量的零碎数据缺乏更新共享，多库并存导致数据碎片化；数据整合治理不够，存在历史遗留数据未梳理入库的问题。

与之相应，在信息化建设方面，存在多库并存问题。一方面，难以落实"一数一源"，数据关系不清，各数据之间版本冲突、相互矛盾的风险依然存在；另一方面，部分空间数据存在上下联动不足、更新不及时的情况，导致市区两级数据更新共享困难。多库并存，不利于最终实现业务融合。

传统建设项目管理过程中普遍出现互联互通不畅、信息化水平不高、"数据孤岛"现象突出、人员培训提升不到位等制约管理效能的问题；另外，目前 CIM 的试点项目，在实操层面有 BIM、CIM 文件大小的问题，数据体量大的问题，以及已有 CIM 平台系统的开放程度的问题，还有一些信息数据安全、政府的保密要求等，导致 CIM 平台建设时的数据难以整合、更新、共享和应用。

3.3.3 CIM 平台建设需求

现有的平台和 CIM 差距较大，根据《城市信息模型（CIM）基础平台技术导则》，CIM 基础平台是智慧城市的基础支撑平台，为相关应用提供丰富的信息模型服务和开发接口，支撑智慧城市应用的建设与运行，应具备城市基础地理信息及三维模型和 BIM 等数据汇聚、清洗、转换、模型轻量化、模型抽取、模型浏览、定位查询、多场景融合与可视化表达、各类应用的开放接口等基本功能，宜提供工程建设项目各阶段模型汇聚、物联监测和模拟仿真等专业功能。

在平台功能方面，需要在现有平台基础上强化补充五大类平台功能。

（1）数据汇聚与管理，如工程建设各阶段项目二维 GIS 数据、三维模型数据或 BIM 数据汇聚的能力、资源目录管理、元数据管理、前置交换或在线共享方式进行的数据交换等。

（2）数据查询与可视化，如地名地址查询、空间查询、CIM 资源加载、集成展示、模型数据加载、可视化渲染等。

（3）平台分析与模拟，如二维和三维缓冲区分析、叠加分析、建筑单体到社区再到城市级别的模拟仿真能力等。

（4）平台运行与服务，如组织机构管理、角色管理、物联感知数据动态汇聚与运行监控、CIM 数据服务发布、服务聚合等。

（5）平台开发接口，如丰富的开发接口或开发工具包支撑智慧城市各行业 CIM 应用，以网络应用程序接口（Web API）或软件开发工具包（SDK）等形式提供开发接口，并包括资源访问类、项目类、地图类、三维模型类、BIM 类、控件类、数据交换类、事件类、实时感知类、数据分析类、模拟推演类、平台管理类共 12 个大类。

目前政府所建平台支撑 BIM/CIM 的功能仍不够强大，主要体现在未建立承载 BIM 的统一平台。现已积累了一定规模的 BIM 数据和三维模型数据，但由于缺乏统一的承载平台，导致部分信息未能及时共享，未能充分应用城市 BIM 和三维模型数据。为适应 BIM/CIM 技术的迅速发展与应用推广，亟须建立统一平台，提升 BIM/CIM 支撑能力，促使城市从单体建筑走向全系统运行管理，同时实现城市实景三维动态更新。

目前存在的问题：数据更新机制不健全，数据现势性欠缺；各业务应用系统设计的统一性、规范性不够，形成技术路线、技术措施等具有相当差异的技术系统；业务系统的运行、维护缺乏可操作性强的运维模式，尚未制订统一、科学的运维技术规范，以及合理、可量化的运维实施考核办法。这些都对运行维护管理工作提出了挑战，需要从运行机制、运维技术、实施考核等多方面综合提升平台的运行维护与管理水平。

3.3.4　CIM 平台应用需求

1. 工程建设项目审批审查

基于二维设计图纸报建与审查的智能化程度不高，二维图纸报建程序复杂，须要提交繁多的二维设计图纸，稍有不慎，被替换和篡改的可能性极大；同时，图纸内容只提供建筑的平面、立面和建筑外观，无法提供全部信息化数据；二维图纸也存在设计成果难以复用等问题。BIM 报建建立集成全部信息的数字化模型，在规划设计阶段依照准确结构与尺寸制作完成精细三维模型，可整合规划阶段从规划选址、用地批准、建筑设计方案到规划验收的全生命周期中所有与之相关的电子档案、空间位置、规划依据等信息，实现建筑信息的全生命周期应用。

基于 CAD 的报建审查主要依靠人工，计算机辅助审查智能化程度低，并且所提供的数据信息较为片面，难以发现设计方案存在的问题。基于 BIM 的可视化，各工程构件之间的关系一目了然，数据信息丰富，极大利于提高机器智能化审查。因此，采用集成全部信息的数字化建筑模型开展工程建设项目 BIM 报建报审工作，可以大大提升审批效率，这是 CIM 平台建设中的重点。

工程建设项目技术审查效率有待进一步提升，国内自然资源部门工程建设项目技术审查主要涉及工程建设许可阶段的设计方案审查、竣工验收阶段规划条件核实等工作，覆盖建筑工程、道路及轨道交通工程、市政交通工程等。目前已实现部分指标的机器自动审查及机器辅助审查，但仍存在大量指标须要依靠人工辅助或完全由人力审查。基于 BIM 报建的开展推进，亟须提升工程建设项目设计方案技术审查的智能化程度，依据 BIM 提供的丰富信息，运用机器学习等前沿技术，提升计算机智能审查能力。

2. 规划编制与成果审查

目前，国内规划编制及成果审查自动化程度不高，主要体现在以下两方面。

首先，规划编制工作的开展，如底版数据申请、规划方案编制、规划成果提交等，主要依据各类 C/S 端设计软件线下编制和线下拷贝形式完成。

其次，规划编制成果审查自动化程度不高，仅实现基本的成果格式审查，尚未实现对规划成果指标量化及智能审查。例如，详细规划技术审查，其审查工作业务量大，现有技术力量薄弱；机审辅助自动化程度低，全面性、高效性不足。

在 CIM 平台建设环境及趋势下，基于在线的辅助规划编制、规划成果线上汇交、规划编制成果智能审查是 CIM 平台设计方案的一项重要内容。

3. 建设过程与建筑质量监管

建筑业是我国经济持续健康发展的支柱产业，但仍然存在以人工为主、工作效率低和管理方式粗放等问题，与我国"十四五"经济社会的高质量发展要求相距甚远。BIM 技术的出现，使得规模较为庞大，工期较长，参与方较多的建设工程项目实现信息化、数字化、智能化成为可能，智能建造应运而生。

当前，我国建筑业信息化水平有所提高，但仍与国际先进水平存在差距，建筑业生产管理方式粗放，建筑工人劳动效率不高，施工过程中能源资源消耗较大。新技术应用能力和动力不足，特别是先进制造、节能技术、BIM、5G 等新技术应用水平仍有提升空间。建筑业工业化处于萌芽状态，规模生产尚处于探索阶段。

CIM 基础平台整合了多维度多尺度的 CIM 数据和城市感知数据，应用 BIM 等新技术，构建支撑城市规划、设计、建设、管理的基础操作平台，可为 BIM 报建审批、工程质量、工程安全和施工管理等提供支撑，是保证建筑业高质量发展的首要技术保障平台。

4. 城市基础设施管理与运营

综合管理服务主要是以推进我国城市治理体系和治理能力现代化为主线，以增强城市管理服务统筹协调能力，提升城市综合竞争力为核心，以让城市干净、整洁、有序、安全，让人民群众在城市生活得更方便、更舒心、更美好为目标，以互联网技术、大数据思维为基础，以城市管理服务"一屏观天下，一网管全域"为手段，全面引入城市管理新理念、新模式、新机制、新应用，对标国际先进水平，强化创新驱动与智慧赋能，推动新一代信息技术与我国城市管理服务全方位深度融合，实现对各省市城市管理工作的指导监督、统筹协调、综合评价，形成全国城市管理横向到边、纵向到底、上下联动、齐抓共管"一张网"，推动各城市形成党委政府领导下的"大城管"工作格局，构建适应高质量发展要求的城市综合管理工作新体系，不断增强城市综合管理统筹能力，提升城市科学化、精细化、智能化管理服务水平，显著提升人民的幸福感、获得感、安全感，

让智慧成果惠及人民。

安全运行监测与管理须要结合住房和城乡建设部以及各省市信息化建设现状，汇聚各省市城市运行中的风险信息、隐患信息、运行监测报警信息、处置管理情况等数据，通过对城市运行风险和状况的整体把握，实现对安全事故的及时了解、风险防控的客观评价。面向市政基础设施、建筑施工点、房屋建筑等市政单元，掌握各省市的风险等级分布情况和运行状态，了解各省市市政单元的运行状况、隐患、故障发生情况及处置情况，实现对各省市市政单元安全风险的科学管控、准确评价。

5. 城市安全与应急

国内不同类别的社会安全和公共卫生事件侦查与应急体系虽不断完善，但不同类别的系统之间缺少交互与集成，无法响应重大事件下次生或衍生事件的应急需要。

城市应急管理工作在应急管理工作数据统计和分析上均具有较高提升空间。应急业务分为常态业务和非常态业务。常态业务指没有突发事件发生时的应急管理工作，非常态业务指突发事件发生过程中的应急处置工作。

常态业务主要是预防和应急准备工作，包括日常值班、监测预警、预案管理、风险隐患管理、应急保障资源管理、应急宣教等业务；非常态业务涉及监测与预警、应急处置与救援、恢复与重建等业务。其中，常态和非常态业务均涉及应急值守、风险分析、监测预警和应急保障。因此，城市安全与应急业务上的具体需求表现在应急总览、风险隐患、监测预警、日常值守、应急宣教、应急专题（专业领域专题）等方面。

6. 行业专题应用

基于 CIM 基础平台实现征拆现状摸查、线位方案比选、实际效果可视化模拟等功能。例如，在交通运输领域，须要支持接入各监控点的实时视频信号，使交通管理人员全面掌控交通路况，以便疏导交通，提高车辆的进出效率，及时应对各种交通的突发事件，尽早调度救援抢险力量快速到达现场，并通过多种渠道将交通信息发布给交通参与者。在水务领域，须要对接智慧排水云服务、排水建模大数据分析、物联网智慧感知、互联网+河长制系统，提供排水管网检测、水雨情及工情实时感知与远程调度、河长制管理、防洪防汛、应急指挥、运行养护管理等服务，因地制宜采取"渗、滞、蓄、净、用、排"措施，全面实现缓解城市内涝、削减污染负荷、节约水资源、保护和改善生态环境的长效目标。

3.4 其他相关需求分析

3.4.1 基础设施需求

参考《城市信息模型（CIM）基础平台技术导则》，CIM基础平台应充分共享已建政务基础设施资源，具备满足系统运行的软硬件环境，要求包括：

（1）平台应配备成熟稳定的基础软件，含数据库软件、中间件和网络操作系统等，其性能指标应根据实际需求确定；

（2）平台应配备稳定可靠的信息机房、网络设备、安全设备、存储设备、服务器设备和终端设备，其性能指标应根据实际需求确定。

除了软硬件环境，CIM基础平台还应具备满足平台部署运行、数据协同共享、数据安全可靠等需求的网络环境，形成纵向互通、横向互联的网络体系，要求包括：

（1）平台纵向网络应与省、区/县网络环境互通，不宜低于百兆光纤网，应能支撑CIM资源的管理和数据汇交；

（2）平台横向网络应与本级电子政务网互联互通，宜为千兆光纤网，应能支撑本级数据交换与共享。

3.4.2 信息安全需求

《国家网络空间安全战略》《中华人民共和国网络安全法》《关于推动资本市场服务网络强国建设的指导意见》无不昭示着国家信息安全已上升至国家战略高度，核心硬件、软件国产化是信息安全自主可控的重要基础，国家未来将逐步提高对国家信息安全的重视，并有望通过政策进一步加大对国产软件的支持力度。为了更好地建设适宜国内现状的CIM平台，在平台基础设施的选型上，考虑选用国产化操作系统、中间件、数据库等。

《住房和城乡建设部、工业和信息化部、中央网信办关于开展城市信息模型（CIM）基础平台建设的指导意见》（建科〔2020〕59号）提出须要制定CIM基础平台安全维护和应急预案，落实国家对基础地理、电子政务等方面的网络信息安全要求，加强关键信息基础设施和重要数据的安全保护，建立完备的信息安全和数据保密管理体系，严格按照应用场景进行数据分类分级管理，鼓励运用数据脱密脱敏技术加强数据共享利用；明确 CIM 平台安全责任主体，坚持网络安全与基础平台建设同步规划、同步建设、同步使用的原则，完善网络安全防护技术手段，加强网络安全监测预警，加强供应链安全建设，确保自主可控。平台须要从管理、技术、运维模式多方面入手，建立完备的信息安全、网络安全、数据保密管理体系。

根据 GB/T 22239—2019《信息安全技术 网络安全等级保护基本要求》中的相关建设要求，CIM 平台须满足安全技术要求。安全技术要求，对等级保护对象的安全防护应考虑从通信网络到区域边界再到计算环境的从外到内的整体防护，同时考虑对其所处的物理环境的安全防护。对级别较高的等级保护对象还须要考虑分布在整个系统中的安全功能或安全组件的集中技术管理手段，具体包括安全物理环境、安全通信网络、安全区域边界、安全计算环境等。

3.4.3 运行维护需求

CIM 平台要从运行机制、运维技术、保障体系建设等方面考虑综合提升平台的运行维护与管理水平。

在运行机制层面，须要制定平台日常运行维护管理制度，建立一套统一的运维指标度量体系，提供软件、硬件和数据升级维护方案，建立专业、稳定的平台运行维护机构和人才队伍。强化对各级领导干部、平台工作人员和从业人员的培训，建立市局、区局人员反馈交流机制。

在运维技术层面，须要制定统一、科学的运维技术规范，建设智慧化的运维管理系统，在资产、运行安全、应急管理等方面提供支持，须要制定合理、可行的应急预案。

在保障体系层面，须从制度、组织、人员、技术、资金、安全等方面提供系统相关保障方案，支持运维管理落地。

第 4 章

CIM 平台总体设计

4.1 指导思路与原则

CIM 平台设计的指导思路是通过信息资源整合构建城市三维空间数据底版，建设 CIM 基础平台并推进其在城市规划建设管理和其他行业领域的广泛应用。CIM 平台设计建设的主要原则如下。

（1）政府主导，多方参与。坚持政府主导、部门合作、企业参与，打通"产学研用"协作通道，提供政策、资金、项目保障，统筹推进 CIM 基础平台建设。

（2）因地制宜，以用促建。加强 CIM 基础平台设计，围绕各地城市规划建设管理实际需求和工作基础，探索 CIM 基础平台建设应用的新模式、新方法、新路径，不断推进 CIM 基础平台的迭代升级。

（3）融合共享，安全可靠。遵循统一规划、统一标准、资源共享和安全可靠原则，充分利用和整合城市现有数据信息和网络平台资源，在自主可控的基础上，推动 CIM 基础平台与各信息平台的融合共享。

（4）产用结合，协同突破。推进 CIM 基础平台建设应用与自主可控 BIM 等软件产业发展互促共进，深化供需高效对接，提升产业供给能力。

4.2 CIM 平台建设目标

《住房和城乡建设部 工业和信息化部 中央网信办关于开展城市信息模型（CIM）基础平台建设的指导意见》提出："全面推进城市 CIM 基础平台建设和 CIM 基础平台在城市规划建设管理领域的广泛应用，带动自主可控技术应用和相关产业发展，提升城市精细化、智慧化管理水平。"

在工程建设项目审批制度改革试点的基础上，利用现代信息技术手段，促进工程建设项目审批提质增效，推动改革试点工作不断深入。以工程建设项目三维数字报建（或 BIM 报建）为切入点，在"多规合一"基础上，汇聚城市、土地、建设、交通、市政、教育、公共设施等各种专业规划和建设项目全生命周期信息，并全面接入移动、监控、城市运行、交通出行等实时动态数据，构建面向智慧城市的数字城市基础设施平台。

CIM 基础平台初期在工程建设项目报建、审查、备案等方面使用，之后也为城市精细化管理的其他部门、企业、社会提供城市大数据及城市级计算能力，最终建设成具有规划审查、建筑设计方案审查、施工图审查、竣工验收备案等功能的 CIM 平台，精简和改革工程建设项目审批程序，减少审批时间，承载城市公共管理和公共服务，建设智慧城市操作系统，为城市设计、智慧招商、智慧建造、智慧工地、智慧交通、智慧环保、智慧园林绿化等提供支撑，从而提高城市精细化管理水平。CIM 平台建设要一方面推进 BIM、CIM 技术在工程建设项目全流程、全覆盖的应用，实现机器辅助审批，减少审批过程中的人工干预，为项目审批提质、增速，建设智慧城市的基础平台；另一方面逐步推进 BIM、CIM 技术在社会管理领域的应用，实现依托数字孪生城市的创新发展。

通过数字孪生城市将物理世界与数字世界相对应，综合调配和调控公共资源，实现"互联、物联、智联"的城市综合管理，推动政府治理流程再造和模式优化，不断提高决策科学性和服务效率，使政府运作效率不断提高。构建城市数据资源体系和辅助决策机制，提高基于高频大数据的精准动态监测预警水平。强化数字孪生城市在事故灾难、社会安全等突发公共事件应对中的运用，提升相关部门预警和应急处置的能力。

4.3 CIM 平台总体架构

CIM 平台总体架构宜采用 GB/T 32399—2015《信息技术 云计算 参考架构》和 GB/T 35301—2017《信息技术 云计算 平台即服务（PaaS）参考架构》标准，宜符合 PaaS 功能视图的相关规定，CIM平台总体架构如图4-1所示。

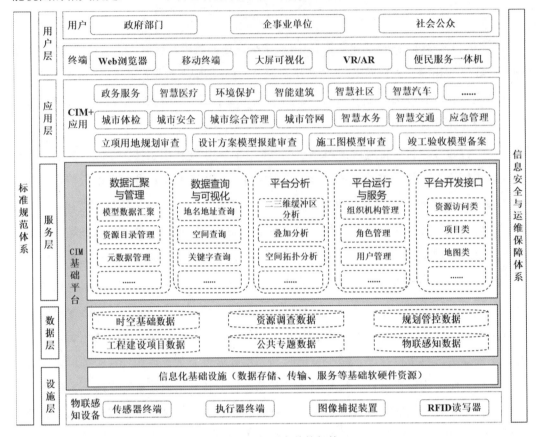

图4-1 CIM平台总体架构

CIM平台总体架构应包括五个层次和两大体系，即设施层、数据层、服务层、应用层、用户层，以及标准规范体系和信息安全与运维保障体系。横向层次的上层对其下层具有依赖关系，纵向体系对于相关层次具有约束关系。部分层次及两大体系介绍如下。

（1）设施层：应包括物联感知设备等。

（2）数据层：应建设至少包括时空基础数据、资源调查数据、规划管控数据、工程建设项目数据、公共专题数据和物联感知数据等类别的CIM数据资源体系。

（3）服务层：提供数据汇聚与管理、数据查询与可视化、平台分析、平台运行与服务、平台开发接口等功能与服务。

（4）标准规范体系：应建立统一的标准规范，指导CIM基础平台的建设和管理，应与国家和行业数据标准与技术规范衔接。

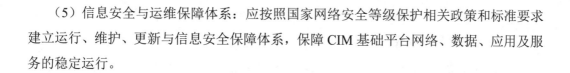

（5）信息安全与运维保障体系：应按照国家网络安全等级保护相关政策和标准要求建立运行、维护、更新与信息安全保障体系，保障 CIM 基础平台网络、数据、应用及服务的稳定运行。

4.4　平台的互联互通

CIM 基础平台建设应利用城市现有政务信息化基础设施资源，纵向上与省 CIM 基础平台互联互通，横向上应保证城市相关部门间的互联。省、城市平台之间应包括监督指导、业务协同和数据共享。其中：

（1）监督指导包括工作反馈和监督通报等；

（2）业务协同包括专项工作、重点任务落实和情况通报等；

（3）数据共享主要满足跨平台间的各类数据，以及相关政策法规、规范性文件的共享要求。

省与城市 CIM 基础平台的衔接关系如图 4-2 所示。

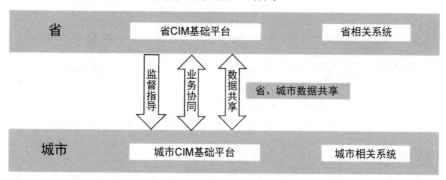

图 4-2　省与城市 CIM 基础平台的衔接关系

CIM 基础平台应实现与相关平台（系统）的对接或集成整合，实现多维信息模型资源共享汇聚，构建并持续完善城市信息模型。CIM 基础平台与其他系统的关系如图 4-3 所示。

（1）CIM 基础平台宜对接国土空间基础信息平台，集成整合规划管控、资源调查等相关信息资源。

（2）CIM 基础平台应对接或整合已有的工程建设项目业务协同平台（"多规合一"业务协同平台）功能，一些未建的功能可基于 CIM 基础平台开发。

（3）CIM 基础平台应对接工程建设项目审批管理系统、一体化在线政务服务平台等系统，并支撑智慧城市其他应用的建设与运行。

（4）CIM 基础平台应能支持城市体检、智慧水务、城市更新等跨部门的综合应用，支撑各类智慧城市应用。

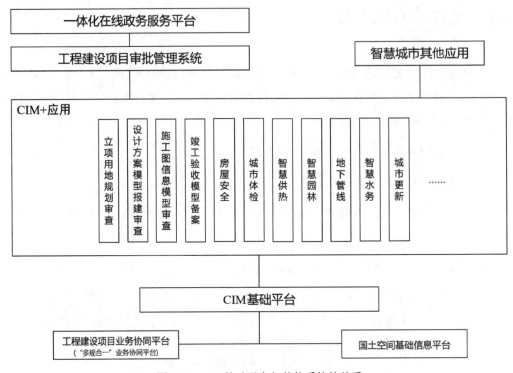

图 4-3　CIM 基础平台与其他系统的关系

4.5　技术路线

4.5.1　总体技术路线

CIM 平台建设的技术路线围绕数据融合、业务办理及信息安全等主线展开。

（1）在数据融合方面，CIM 平台对二维及三维数据和 BIM 数据进行高效管理、发布与可视化分析，其中的技术要点包括大数据分布式存储、BIM 兼容及轻量化、多级 LOD 渲染、多源异构数据融合技术。

（2）在业务办理方面，研究利用 SOA 多层体系架构、中台技术构建 CIM 业务中台，CIM 业务中台将 BIM 沉淀过程、各类应用场景的共性能力以组件的形式打包封装，高内聚、低耦合，得到基于 CIM 平台的工程建设项目报建与智能审批系统、规划辅助编制与智能审查、自然资源业务支撑、数据共享与协同等。

（3）在信息安全方面，利用区块链安全加密技术、网络安全认证技术等对模型数据安全共享、数据的网络传输安全等提供保障。

总体技术路线如图 4-4 所示。

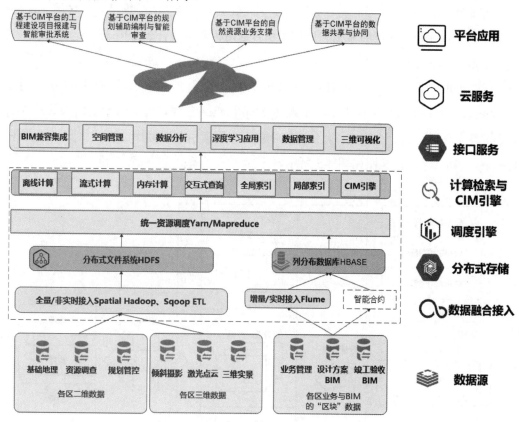

图 4-4　总体技术路线

4.5.2　关键技术点

4.5.2.1　大数据分布式存储技术

1. Hadoop 技术

针对海量空间数据在传统关系型数据库存储时存在的查询、检索性能低，非结构化数据存储效率低等问题，设计 Hadoop 分布式开源平台中的分布式文件系统 HDFS 空间数据存储模式，以便分布式存储海量空间数据，分散计算机硬盘及处理器的压力。结合

Sqoop ETL 将 CIM 和 BIM 多源异构数据从 Mysql、Postgresql 等关系型数据库中接入，并对接入数据进行清洗，利用 Sqoop 接入数据后，将所有接入数据切分成 block 进行上传，上传 block 时将以 block 的单元进行传输，当 block 上传到第一个数据节点时，默认复制三份数据，然后数据节点以一张映射表告知主节点的块存储情况，以此类推，直到将不同来源、不同格式、不同数据结构的地理空间数据，如二维数据、三维数据、BIM 统一存储在 HDFS 中。为了能够更好支持空间数据类型及空间数据检索，采用 Hadoop 增加新的空间索引，即全局索引和局部索引，这两种索引适合 MapReduce 运行环境，通过索引解除 Hadoop 仅支持无索引堆文件的限制。全局索引通过集群中的节点分割数据，而局部索引在每一个节点内部高效组织数据。全局索引和局部索引的分离适合 MapReduce 编码范式。全局索引用于准备 MapReduce 工作，而局部索引用于处理 Map 任务，将文件拆分成更小的文件，允许每个内存分区索引并以顺序的方式将其写入文件。Hadoop 分布式系统框架图如图 4-5 所示。

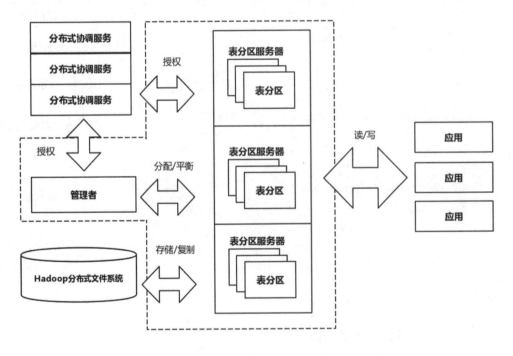

图 4-5　Hadoop 分布式系统框架图

2. HBASE 技术

虽然 Hadoop 可以很好地解决大规模数据的离线批量处理问题，但是受限于 MapReduce 编程框架的高延迟数据处理机制，Hadoop 无法满足大规模数据实时处理应用的需求，并且 HDFS 面向批量访问模式，不是随机访问模式。

因此当数据需求巨大时，采用 HBASE 来组织数据，HBASE 中通过 rowkey 和 columns 确定的一个存贮单元称为 cell。每个 cell 都保存着同一份数据的多个版本，版本通过时间戳来索引。时间戳的类型是 64 位整型。时间戳可以由 HBASE 赋值（在数据写入时自动赋值），此时时间戳是精确到毫秒的当前系统时间。时间戳也可以由客户显式赋值。如果应用程序要避免数据版本冲突，就必须自己生成具有唯一性的时间戳，不同版本的数据按照时间倒序排序，即最新的数据排在最前面。

3. 空间数据检索技术

技术路线中 Hadoop 对于空间数据检索效率低的问题可采用 Hadoop 中的空间操作来进行处理，Hadoop 在 MapReduce 层引入了两个新的组件，即 Spatial File Splitter 和 Spatial Record Reader，利用全局索引和局部索引分别对不同的数据进行高效检索。

首先，Spatial File Splitter 输入一个或两个空间索引文件；然后，利用全局索引修剪文件块，这些被修剪的文件块不会产生查询结果，索引创建的同时，基于最小外包矩形进行分配；最后，在进行需要两个文件输入的二元操作中，Spatial File Splitter 采用两个全局索引去选择需要被一起处理的文件块的对组作为一个文件（例如，在空间连接中进行叠加分析块）。Spatial Record Reader 利用局部索引时，通过局部索引获取一个分块中允许的记录，而不是循环遍历所有记录。它从指定的分区中读取局部索引，将这个索引的指针传递给 Map 函数，该函数通过这个索引去选择在整个记录中不需要迭代的处理记录。在范围查询当中，Spatial File Splitter 利用全局索引选取仅仅覆盖查询范围的区块。每一个选取出来的区块都将通过 Spatial Record Reader 提取在该块中的局部索引，然后基于这个索引执行一个传统的范围查询去寻找匹配的记录。Hadoop 采用的全局索引和局部索引可以快速检索空间数据，解决了 Hadoop 对于空间数据检索效率低的问题。

4. 高性能查询技术

为了实现高性能查询，可采用 Mapreduce 和 Spark 等技术实现海量数据的离线和实时查询。

MapReduce 是一种分布式计算框架，以一种可靠的、具有容错能力的方式并行处理 TB 级别的海量数据集，主要用于海量数据查询和海量数据的计算问题。MR 由两个阶段（Map 和 Reduce）组成，即 map( )和 reduce( )两个函数，可实现分布式计算。

将需要查询的空间数据或二维数据集切分为若干独立的数据块，先由 Map 任务并行处理，然后 MR 框架对 Map 的输出先进行排序，最后把结果作为 Reduce 任务的输入。例如，查询某个字段，首先把输入文件分成 M 块（Hadoop 默认每一块的大小是 64MB，可修改），然后主节点选择空闲的执行者节点，把总共 M 个 Map 任务和 R 个 Reduce 任务分配给工作节点，一个分配了 Map 任务的工作节点读取任务并处理输入数据块。从数据块中解析出 key/value 键值对，把它们传递给用户自定义的查询函数，由查询函数生成并输出中间 key/value 键值对，暂时缓存在内存中。缓存中的 key/value 键值对通过分区函数分成 R 个区域，之后周期性地写入本地磁盘上，并把本地磁盘上的存储位置回传给主节点，由主节点负责把这些存储位置传送给 Reduce 节点。当 Reduce 节点接收到主节点发来的存储位置后，使用 RPC 协议从工作节点所在主机的磁盘上读取数据。在获取所有中间数据后，通过对 key 排序使得具有相同 key 的数据聚集在一起。Reduce 节点程序对排序后的中间数据进行遍历，对每一个唯一的中间 key，Reduce 节点程序都会将这个 key 对应的中间 value 值的集合传递给用户自定义的 Reduce 函数，完成计算后输出文件（每个 Reduce 节点程序产生一个输出文件）。因此，通过上述过程，可以将海量数据的查询任务划分到多个节点执行，并最终返回结果。

4.5.2.2　BIM 与 CIM 高效数据融合技术

BIM 技术为三维 GIS 提供了更为精细的三维模型，能够让三维 GIS 开展更为精细化的管理工作，从而发展和丰富了 CIM 平台。

要实现 BIM 数据与三维 GIS 数据（包括地形数据、三维倾斜摄影数据、视频数据等）融合的一体化服务，需要整合技术框架，建立一套基于 Web 服务的多源异构数据服务框架体系。

数据融合发布，经过数据资源汇聚、服务聚合发布、平台服务 BIM 数据与三维 GIS 数据的二维和三维一体化、应用层这几个环节，首先需将数据进行汇聚，形成数据资源池，对各类异构数据进行数据配置、数据校验、空间化生成、数字签发等，通过标准协议进行服务分发，进入平台里进行服务聚合，服务聚合后通过 SOAP 接口对外提供统一的服务。

数据的调度与存储涉及数据的索引与存储。

文件组织调度流程如图 4-6 所示。

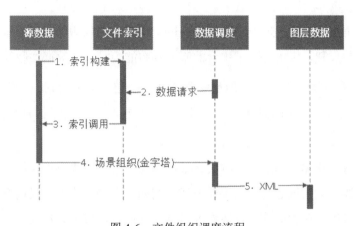

图 4-6　文件组织调度流程

CIM 平台采用文件索引目录方式进行数据服务发布，优化了传统的二维和三维数据的存储模式。经检验，文件索引服务发布方式的数据请求及渲染效率更高，吞吐量更大，可快速响应前端的应用需求。

文件目录的组织形式采用了文件索引技术及场景组织（金字塔）技术。文件索引技术主要采用索引这种结构，逻辑上连续的文件可以存放在若干不连续的物理块中，但对于每个文件，在存储介质中除存储文件本身外，还要求平台另外建立一张索引表，索引表记录了文件信息所在的逻辑块号和与之对应的物理块号。索引表也以文件的形式存储在存储介质中，索引表的物理地址则由文件说明信息项给出。场景组织（金字塔）技术请参见第 8 章相关内容。

数据通过图层的文件组织进行分类的目录存储，三维地图场景的渲染以系统平台的后台服务为支撑，后台服务图层组织模块首先去请求文件索引目录下的索引数据，该数据以 XML 的形式返回，返回给后台的图层处理模块，依据索引获取三维的场景数据（金字塔、LOD 组织技术），进行场景渲染。

分布式场景应用随着大场景数据的应用及多元数据融合展示，数据量会不断增大，针对数据量大占用空间比较多的问题，后台采用了大数据的思维，采用分布式服务发布的方式进行数据的发布，具体如下：首先用户登录到集群中的中央服务发布系统，根据用户需求选择数据所在的存储节点，填写相关的发布参数后，后台通过 RPC 远程调用 Webservice 接口，将服务发布参数提交给相应的服务主机，服务主机接收到请求后，根据服务参数，配置相应的上下文环境 context，并解析对应路径下的数据文件，生成相关的索引 index 信息，再利用数据中间件 mybatis 将其写入数据库中；当用户加载对应的服务时，先请求中央服务器，根据服务信息计算服务所需要的索引 index 信息返回给用户，用户根据索引 index 信息，到相应的 datanode 上请求对应的服务数据。这样便实现了分布式服务发布与加载，大大提高了平台的服务发布能力，以及数据加载的效率。

在 CIM 平台建设中，为更好地反映整个城市的宏观立体规划，我们需要考虑利用二维建筑物矢量面符号化的方法实时生成三维体块模型，作为现状 BIM 数据的整体分布表现的补充。

应用三维符号化体块模型将二维矢量数据快速、实时生成三维体块，该体块通常可用于建筑、管线、详细规划盒子的快速表现。例如，在缺失或不需要精细建筑模型的情况下，该技术可以快速生成建筑体块作为示意，以便呈现城市大致面貌。另外，根据不同建筑或不同用地属性对三维体块进行不同的着色，从而直观地表达出城市用地情况，这在城市规划设计领域有着巨大的作用。

三维符号化体块模型是基于二维矢量面数据，通过获取矢量的空间几何点位信息和高度、层级、颜色等属性信息，采用分层瓦片的机制实现三维体块拉伸符号化计算，并由渲染引擎实时渲染的。

根据配置实现二维面到三维体块动态转换如图 4-7 所示。

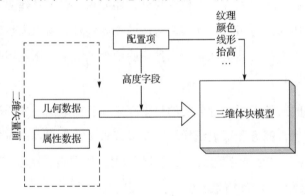

图 4-7　根据配置实现二维面到三维体块动态转换

基于二维矢量点、线、面的几何数据，采用空间几何质心算法，可使三维模型数据的点位准确、布局合理。基于矢量数据属性信息的体块模型参数生成技术，可通过用户自定义配置的数值或矢量属性字段，实现体块纹理、颜色、线形、抬高等的专题化配置和灵活修改。

通过抽象化体块模型参数，形成表面表达特征，构建体块模型特征表达的多样化机制，基于不同顶和底的样式配置，可实现体块各立面的纹理、颜色、材质的丰富表达。

二维矢量基底面和三维场景中的二维矢量图与三维体块模型如图 4-8 所示。

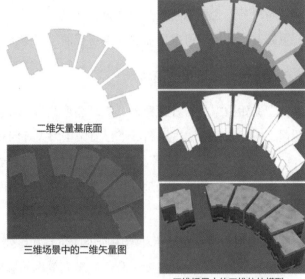

二维矢量基底面

三维场景中的二维矢量图

三维场景中的三维体块模型

图 4-8　二维矢量基底面和三维场景中的二维矢量图与三维体块模型

矢量贴地是一种将二维矢量贴合在三维地形表面的技术，该技术在渲染过程中根据地形高程动态地改变渲染矢量的位置，将具有高度抽象与概括能力的矢量与三维地形融合在一起，使用户在三维场景中依然能够明辨周围复杂的地理环境，为用户展现更加真实的三维场景。同时，用矢量切片技术实现的矢量数据加载可使矢量数据能够快速被调度到场景中，提高了大规模矢量的加载效率。

通过矢量的符号化方法实时生成三维体块模型，能够大大丰富无 BIM 数据的三维基础数据的内容，对于理解、分析和管理 CIM 平台的整体性能具有非常好的补充作用。

随着 CIM 平台的使用，注册到 CIM 平台的 BIM 数据服务、基础地理数据服务和公共专题数据服务必然会越来越多。这些服务当中有些不能完全满足用户需要，还需要对其进行部分提取，由 CIM 平台提供服务拆分技术，使大范围的地图服务可以按照用户要求进行服务拆分，形成满足用户需要的特定范围内的服务。

另外，对于很多用户来说，可能需要从 CIM 平台申请几十个服务来支撑一个业务系统的应用，这也会让用户眼花缭乱，提高运维成本。通过服务聚合功能，可以将 n 个服务通过聚合器聚合成 1 个服务，给用户带来便利。同时，在很多情况下，政府部门之间或设计与审批单位之间的电子政务网络是星形网络结构，这就意味着各部门间网络不能互通，只能访问到上一节点的网络，而通过服务聚合技术，可以解决这一问题。

CIM 平台设计了逻辑服务，在单个服务发布完成后，用户通过添加逻辑服务可以将多个服务组织成一个逻辑服务，也可以将一个服务拆分成几个服务，然后在逻辑服务内添加需要的服务，并重新发布。用户可根据需要配置自己的逻辑服务。

4.5.2.3 LOD 高效组织与轻量化渲染技术

项目建设的三维模型原始数据具有几何精细、纹理精度高等特点，可直接用来解决数据应用数据加载缓慢、内存显存资源占用高、平台渲染压力大等问题。利用 LOD（细节层次模型）技术，LOD 层级数据生产技术，基于场景图的 LOD 组织管理技术及多任务、多机器、多进程、多线程并行的数据处理技术，可以解决三维模型数据资源占用不可控和调度渲染效率低的问题。

LOD 技术指根据物体模型的节点在显示环境中所处的位置和重要度，决定物体渲染的资源分配，降低非重要物体的面数和细节度，从而获得高效率的渲染运算的技术。恰当地选择细节层次模型能在不损失图形细节的条件下加速场景的显示，提高平台的响应能力。Sigma 产品通过采用 LOD 技术对数据进行处理，构建各个层级不同精度的数据，达到场景高效渲染数据的目的。

构建 LOD 的主要难点在于如何建立几何体的层次细节模型。Sigma 产品利用倾斜摄影数据生产技术和三维模型简化技术对倾斜摄影数据和人工模型数据进行 LOD 数据生产，解决了建立几何体层次细节模型的难点。LOD 特有的模型生产和简化技术对三维模型数据当前显示距离中不需要表现的几何和纹理进行剔除和简化，简化后的数据在几何体上可以保持原有形态，在纹理上可以保持原有纹理色彩，简化后数据的几何格网数目显著减少、纹理精度满足当前视觉效果，层级数据的数据量相对原始数据的数据量显著降低。

构建 LOD 的难点还包括不同层级细节的自然过渡，以及不同层级数据在场景中的分布。基于场景图的 LOD 组织管理技术很好地解决了此难点。场景图是用于组织场景信息的图或树结构，一个场景图中包含一个根节点、多个内部组织层级节点、多个叶子节点。场景图的各个层级都具备调度信息，调度信息决定了各个层级细节的过渡，也决定了不同层级数据在场景中的分布。基于视点的 LOD 控制可以根据用户的视点参数来选择满足条件的不同层次细节，有效地控制不同层级细节的自然过渡，以及不同层级数据在场景中的分布。

本节采用的数据处理技术具备多任务划分、多机器、多进程、多线程处理机制，保证数据处理过程批量、高效。多任务划分把处理过程分解成任务图，任务图由多个独立或有依赖关系的任务构成，按照任务图结构开展任务的分解处理，任务单元粒度更小，处理的灵活性更高，为多机器并行处理打下了基础；多机器、多进程对分解的任务单元进行任务持续分配；单个任务下也能进行多线程处理。该数据处理技术能充分利用计算机的计算资源，提高处理效率。

三维场景中的几何体通常是由顶点组成的，但是要实现某个物体的真实显示却远没有这么简单。例如光照和材质，假设场景中不存在光照，那么人们看到的将是一个漆黑的箱子或不规则形体；假设物体不存在任何表面材质的属性，那么结果也是一样的糟糕。例如纹理，也就是几何体上的表面贴图，使用纹理可以直观地告诉观察者，一个立方体物体是铅笔盒还是大衣柜，或者一个简陋的三维人体是年轻还是年老。而这些光照、材质、纹理表现的就是某一种渲染的状态。平台基于 OpenGL 开发，而 OpenGL 是一种状态机，更准确地说，它是一种有限状态机，即它所保存的渲染状态值是预先定制且个数有限的。对于一个使用 OpenGL 开发的程序，它在每一时刻都会保存多个渲染时可用的状态值，直到下一次用户改变这个状态之前，该状态的内容都不会发生变化。而冗余的渲染状态设置及频繁的状态切换都会导致渲染效率大幅下降。通过调整场景对象的渲染顺序，使相同状态的对象使用同一个状态进行渲染，减少了渲染状态的冗余及切换频率；通过对渲染状态进行排序的方法对场景对象进行有序渲染，这再次减少了状态切换的频率，达到了提升渲染效率的目的。

除了减少渲染状态切换，平台使用 VBO（Vertex Buffer Object）技术使批量的数据提交可以减少与 GPU 的交互，降低数据带宽的使用，减少渲染批次，从而进一步提高渲染的效率。

基于多级 LOD 组织，可利用多种数据处理（KLCD）算法、空间索引加速技术、数据动态加载及多级缓存等方法提高三维数据调度性能，实现无缓存的高速加载调用。

（1）KLCD 算法：提供一种城市建筑模型的渐进压缩和传输方法，根据该方法，一个复杂的城市建筑模型场景能表示成一系列分层的压缩数据组织形式，而且每层的数据流远小于原有模型数据量，有利于网络传输。该算法同时支持纹理的渐进传输技术，将大数据量的纹理通过分层传输技术传输，以提升平台传输效果。

（2）空间索引加速技术：针对大规模城市场景数据（建筑、绿化、部件、地形等），通过空间分布关系，按照一定的区位、密集度、复杂度等要素，通过我们的 Builder 产品将每对数据对象化，并建立空间索引关系，提高了平台运行效率。

（3）数据动态加载：针对海量数据，在客户端通过多线程进行处理，利用 KLCD、LOD、遮挡剔除等技术使当前视野范围内的空间数据通过动态层次加载，同时将一定范围外的数据进行剔除，使机器内存、CPU 动态平衡，从而保障整体性能提升。

（4）多级缓存：针对海量数据传输到客户端本地后的存储问题，建立本地的空间文件数据库，并对文件进行加密处理，大大提高了后期的访问运行效率，同时也保障了数据的安全性。

4.5.2.4　多源异构数据融合技术

应用多源异构数据融合技术可以解决多源异构数据融合问题，为 CIM 平台提供有力的数据支撑，该项技术支持 DEM 和 DOM 融合、矢量点线面数据融合、规划成果数据融合、建设项目与倾斜摄影融合、三维实景模型与 BIM 融合等。

1. DEM 和 DOM 融合

根据基础地形图资料、DEM 和 DOM，对 DEM 进行加工优化，融合集成不同格网间距的数字高程模型数据，按照瓦片规定的尺寸和计算出的最大等级数，对 DEM 和 DOM 逐级进行切片，将不同等级的瓦片采用分层的方式存储在数据库中，得到三维大场景基础数据，从而更好地满足数据应用和浏览的需求。

2. 矢量点线面数据融合

实现对兴趣点数据、路网、行政边界、详细规划面等的融合。

道路网融合到三维地图如图 4-9 所示。

图 4-9　道路网融合到三维地图

3. 规划成果数据融合

平台可与二维规划管理系统结合，可接入二维规划成果数据，实现项目红线等退让控制线与三维地图的融合，实现详细规划平面快速拉盒子（见图 4-10），实现直观查看和自动判断道路退让、限高控制是否符合管控要求。

图 4-10　详细规划平面快速拉盒子

4.　建设项目与倾斜摄影融合

规划模型与现状模型的融合技术以现状模型为基底，在与规划模型进行融合时可以把现状模型进行隐藏，查看规划模型在现状场景中的整体形状、体量、色彩等是否与现状场景保持一致，并且可以实现规划模型与现状模型的切换显示。

建设项目与倾斜摄影模型融合如图 4-11 所示。

图 4-11　建设项目与倾斜摄影模型融合

5. 三维实景模型与 BIM 融合

BIM 的数据结构为空间数据（模型）及属性数据（参数），其中空间数据又包含空间位置、外观形状等，这与三维实景模型数据结构相似，属性数据包含了设计参数、施工参数及运维参数等。三维实景模型涵盖了 BIM 的数据结构（空间数据+属性数据），涵盖了 BIM 的数据表现形式（三维模型），涵盖了 BIM 数据对象（BIM 针对建筑对象，GIS 涵盖较广，包括建筑对象），与 BIM 功能有重叠（信息管理、空间分析等），三维实景模型与 BIM 的融合可以逐步实现城市现状三维模型全覆盖，使城市管理从宏观走向微观，实现精细化管理。

4.5.2.5　SOA 多层体系架构

CIM 平台基于 SOA 多层体系架构进行平台架构设计，方便和各组成系统进行数据接驳和功能调用，实现整个系统的松散耦合，提高整个系统的可扩展性。

SOA 是一种分布式的软件模型。SOA 的主要组件包括服务、动态发现和消息。服务是能够通过网络访问的可调用例程，它公开了一个接口契约，并定义了服务的行为及接受和返回的消息。接口通常在服务注册中心或目录中发布，并在那里按照所提供的不同服务进行分类，就像电话簿黄页中列出的企业和电话号码一样。客户（服务消费者）能够根据不同的分类特征通过动态查询服务来查找特定的服务，这个过程被称为服务的动态发现。客户（服务消费者）通过消息来消费服务。因为接口契约是独立于平台和语言的，所以消息通常用符合 XML 模式的 XML 文档来构造。

SOA 软件模型图如图 4-12 所示。

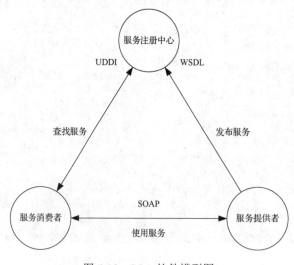

图 4-12　SOA 软件模型图

SOA 的软件模型涉及如下技术。

（1）Web Service（也叫 XML Web Service）：Web Service 是通过 SOAP 在 Web 上提供软件服务，使用 WSDL 文件进行说明，并通过 UDDI 进行注册的。

（2）XML（Extensible Markup Language）：可扩展置标语言，面向短期的临时数据处理和万维网络，是 SOAP 的基础。

（3）SOAP（Simple Object Access Protocol）：简单对象存取协议，是 XML Web Service 的通信协议。当客户通过 UDDI 找到 WSDL 描述文档后，可以通过 SOAP 调用 Web 服务中的一个或多个操作。SOAP 是 XML 文档形式的调用方法的规范，它可以支持不同的底层接口，如 HTTP（S）或 SMTP。

（4）WSDL（Web Services Description Language）：WSDL 文件是一个 XML 文档，用于说明一组 SOAP 消息及如何交换这些消息，它在大多数情况下由软件自动生成和使用。

（5）UDDI（Universal Description, Discovery and Integration）：是 Web Service 集成的一个体系框架，它包含了服务描述与发现的标准规范。在使用者调用 Web Service 之前，必须确定这个服务内包含哪些方法，并找到被调用的接口定义。UDDI 利用 SOAP 消息机制（标准的 XML/HTTP）来发布、编辑、浏览及查找注册信息。它采用 XML 格式来封装各种不同类型的数据，并且发送到服务注册中心或由服务注册中心来返回需要的数据。

4.5.2.6　中台技术

技术上的中台主要指高效、灵活和强大的体系。针对组织庞大而复杂的情况，业务不断细化拆分，这导致野蛮发展的系统难以维护，开发和改造效率极低，也有很多新业务不得不重复"造轮子"的情况，中台的目标是解决效率问题，同时降低创新成本。

中台的作用：通过制定标准和机制，把不确定的业务规则和流程通过工业化和市场化的手段确定下来，以减少人与人之间的沟通成本，同时还能最大限度地提高协作效率。

中台有以下三个特征。

（1）敏捷。业务需求变化快，变更以天甚至更短的频率计算，对一个单体大型应用，庞大的开发团队对单一应用的变更变得越来越困难，将大应用变为多个小应用的组合才能适应外部的快速变化。

（2）解耦。随着业务的发展，业务系统之间的交互通常会变得越来越复杂。一个功能的修改可能会影响很多方面。只有将需要大量交互的功能独立，从应用中拆解出来，才可以使应用之间的耦合度大幅下降。

（3）复用。一些公共的能力通过复用，大大提高了开发效率，避免了重复建设。同时使得数据和流程可以集中得以管理和优化。

中台分为以下三个层面设计。

（1）业务中台。业务服务就是将业务的公共需求组合成服务。针对工程建设项目审批，公共需求包括规划条件比对、合规性审查和方案比选；针对辅助规划编制与审查，公共需求包括方案上传、格式审查、指标分析和上网入库。这些公共业务可以组合成统一的业务服务供各个业务单元使用。

在数据资源有效整合、基础能力确实保障、AI 技术日益成熟的驱动，以及智慧城市的各类应用场景智能化需求的拉动下，通过对应用场景模式的抽象提炼，运用人工智能算法技术，建设和发展算法库配套相应的运用工具，建设智能化的业务中台，推进智慧城市各类应用场景的全面智能化，同时促进应用场景的融合，产生新的模式。

（2）数据中台。在数据时代，业务越来越依赖于数据，数据中台包含 BIM 建模、数据处理、数据格式转换、数据模拟和分析、数据服务，以及数据的更新、治理。

数据中台将进一步推动多源数据的汇聚和融合，全面解决系统实时数据采集能力不够和数据处理能力不足的问题，提高和加强系统跨层级、跨地域、跨系统协同作业的支持能力，建立以业务需求为导向的数据资产管理体系，建立完善的数据服务和管理配套机制，形成数据中台和相应的数据运营服务能力，为数据资源的开发利用做好充分和必要的准备。

（3）技术中台。技术中台可以把技术架构中的技术组件、工具、平台的公共能力提取出来，构建可复用的底层服务，支撑数据服务或业务逻辑服务。这些底层服务包括微服务框架、权限管理、流程引擎、安全认证、开发接口等。

4.5.2.7　区块链技术

区块链技术是建立在点对点网络上的，利用链式结构验证、存储数据，用分布式节点共识算法生成、更新数据，用密码保证数据传输、访问安全，而自动化脚本代码可组成智能合约操作数据的计算范式。它因为拥有点对点（P2P）、时间戳、智能合约、共识机制和加密算法等核心技术，天然具备去信任、透明可信、防篡改、可追溯、安全可靠等特性，近年来被广泛应用于政府治理领域。

结合区块链分布式、可追溯性和非对称密码加密的中心特点，区块链技术非常适合解决现有的大数据共享困难问题，能够提供安全方面的可行性保障。区块链技术对于大数据的安全共享提供的是一种底层的技术，点对点的分布式存储系统可以帮助海量数据分布式存储；可追溯性的特点可以在数据被共享时追溯数据的原始信息；公钥加密、私钥签名的非对称加密技术可有效防止数据在共享过程中出现泄露现象。

针对 CIM 数据资源分散共享、交换、传导时的信息不对称、版本控制、安全保密等问题，利用区块链技术的不可篡改、全程留痕、公开透明、分布式存储、算法加密、智能合约等特点，对 CIM 数据进行分布式加密存储，资源目录（账本）全过程公开，使得规划、施工、竣工各阶段的 BIM 分享数据不可篡改、不可删除，保证了全过程记录数据的唯一性。采用非对称加密算法，对分块 CIM（$25km^2$ 内）的涉密数据进行加密，只有唯一拥有私钥的人方有权限使用（浏览、引用、复制等），保证数据安全共享。

基于区块链技术的数据安全共享如图 4-13 所示。

图 4-13　基于区块链技术的数据安全共享

4.5.2.8　网络安全认证技术

网络安全认证技术是网络安全技术的重要组成部分之一。认证指的是证实被认证对象是否属实和是否有效的一个过程。其基本思想是通过验证被认证对象的属性来达到确认被认证对象是否真实有效的目的。被认证对象的属性可以是口令、数字签名，或者像指纹、声音、视网膜这样的生理特征。认证常常被用于通信双方相互确认身份，以保证通信的安全，一般分为身份认证与消息认证两种。

1. 身份认证：用于鉴别用户身份

身份认证是指计算机及网络系统确认用户身份的过程。常用的身份认证方法主要有以下几种。

1）基于口令的认证方法

传统的认证技术主要采用基于口令的认证方法。当被认证对象要求访问提供服务的系统时，提供服务的系统要求被认证对象提交该对象的口令，系统收到口令后，将其与系统中存储的口令进行比较，以确认被认证对象是否为合法访问者。

2）双因素认证

在双因素认证系统中，用户除了拥有口令，还拥有系统颁发的令牌访问设备。当用户登录系统时，用户除了输入口令，还要输入令牌访问设备所显示的数字，该数字是不断变化的，而且与认证服务器是同步的。

3）一次口令机制

一次口令机制采用动态口令技术，是一种让用户的密码按照时间或使用次数不断动态变化，每个密码只使用一次的技术。它采用一种被称为动态令牌的专用硬件，其内置电源、密码生成芯片和显示屏，密码生成芯片运行专门的密码算法，根据当前时间或使用次数生成当前密码并显示在显示屏上，认证服务器采用相同的算法计算当前的有效密码。用户使用时只需要将动态令牌上显示的当前密码输入客户端计算机，即可实现身份认证。由于每次使用的密码必须由动态令牌来产生，只有合法用户才持有该硬件，所以只要密码验证通过就可以认为该用户的身份是可靠的。而用户每次使用的密码都不相同，即使黑客截获了一次密码，也无法利用这个密码来仿冒合法用户的身份。

4）生物特征认证

生物特征认证是指采用每个人独一无二的生物特征来验证用户身份的技术，常见的有指纹识别、虹膜识别等。从理论上说，生物特征认证是最可靠的身份认证方式，因为它直接使用人的物理特征来表示每一个人的数字身份，不同的人具有相同生物特征的可能性可以忽略不计，因此几乎不可能被仿冒。

5）USBKey认证

基于USBKey的身份认证方式是近几年发展起来的一种方便、安全、经济的身份认证技术，它采用软硬件相结合，一次一密的强双因子认证模式，很好地解决了安全性与易用性之间的矛盾。USBKey是一种USB接口的硬件设备，它内置单片机或智能卡芯片，可以存储用户的密钥或数字证书，利用USBKey内置的密码学算法实现对用户身份的认证。USBKey身份认证系统主要有两种应用模式：一种是基于冲击/响应的认证模式，另一种是基于PKI体系的认证模式。

2．消息认证：用于保证信息的完整性和抗否认性

在很多情况下，用户要确认网上信息是不是真的，以及信息是否被第三方修改或伪造时需要消息认证。

网络技术的发展对网络传输过程中信息的保密性提出了更高的要求，这些要求主要包括：

（1）对敏感的文件进行加密，即使别人截取文件也无法得知其中内容；

（2）保证数据的完整性，防止截获人在文件中加入其他信息；

（3）对数据和信息的来源进行验证，以确保发信人的身份。

现在业界普遍通过加密技术来满足以上要求，实现消息的安全认证。消息认证就是验证所收到的消息确实是来自真正的发送方且未被修改的消息，也可以验证消息的顺序和及时性。

消息认证实际上是对消息本身产生一个冗余的信息——MAC（消息认证码），消息认证码是利用密钥对要认证的消息产生新的数据块并对数据块加密生成的。它对于要保护的信息来说是唯一的，因此可以有效地保护消息的完整性，以及使发送方消息不可伪造。

消息认证技术可以防止数据被伪造和篡改，以及证实消息来源的有效性，已广泛应用于信息网络。随着密码技术与计算机计算能力的提高，消息认证码的实现方法也在不断改进和更新之中，多种实现方式会为消息认证码的安全提供保障。

第 5 章

CIM 基础平台设计

5.1 数据架构设计

5.1.1 CIM 数据构成

CIM 数据体系作为自然资源管理部门的重要数字资产，其核心是围绕工程建设项目审批、规划、辅助编制与审查自然资源相关业务，在统一的数据体系下汇聚、整合、治理现有的基础地理、遥感影像、实景三维模型和建筑信息模型等各类空间数据和业务管理数据，构建数据准确、逻辑统一、重点突出、空间全覆盖的三维立体自然资源大数据体系。

CIM 数据至少包括时空基础数据、资源调查数据、规划管控数据、工程建设项目数据、公共专题数据和物联感知数据。CIM 数据资源目录如表 5-1 所示。

表 5-1　CIM 数据资源目录

门　类	大　类	中　类	类　型	约　束
时空基础数据	行政区	国家行政区	矢量	C
		省级行政区	矢量	M
		地级行政区	矢量	M
		县级行政区	矢量	C
		乡级行政区	矢量	M
		其他行政区	矢量	C
	电子地图	政务地图	切片	C

续表

门　类	大　类	中　类	类　型	约　束
时空基础数据	测绘遥感数据	数字正射影像图	栅格	C
		可量测实景影像	栅格	C
		倾斜影像	栅格	C
		激光点云数据	栅格	C
	三维模型	数字高程模型	栅格	C
		水利三维模型	信息模型	C
		建筑三维模型	信息模型	M
		交通三维模型	信息模型	M
		管线管廊三维模型	信息模型	C
		地下空间三维模型	信息模型	C
		植被三维模型	信息模型	C
		其他三维模型	信息模型	O
资源调查数据	国土调查	土地要素	矢量	C
	地质调查	基础地质	矢量	C
		地质环境	矢量	C
		地质灾害	矢量	C
		工程地质	矢量	O
	耕地资源	永久基本农田	矢量	C
		耕地后备资源	矢量	C
	水资源	水系水文	矢量	C
		水利工程	矢量	C
		防汛抗旱	矢量	C
		水资源调查	矢量	C
	房屋普查	房屋建筑	矢量	C
		照片附件	电子文档	C
	市政设施普查	道路设施	矢量	C
		桥梁设施	矢量	C
		供水设施	矢量	C
		照片附件	电子文档	C
	其他	如历史文化保护调查等	矢量	C
规划管控数据	开发评价	资源环境承载能力和国土空间开发适宜性评价	矢量	M
	重要控制线	生态保护红线/永久基本农田/城镇开发边界	矢量	M
	国土空间规划	总体规划	矢量	M
		详细规划	矢量	M
		村庄规划	矢量	C
	专项规划	自然资源行业专项规划（矿产资源规划/地质勘查规划/地质灾害规划/海洋规划/自然保护地规划）	矢量	C

91

门 类	大 类	中 类	类 型	约 束
规划管控数据	专项规划	环保规划	矢量	C
		水利规划	矢量	C
		交通规划	矢量	C
		住建规划	矢量	C
		城管规划	矢量	C
		工信规划	矢量	C
		应急规划	矢量	C
		历史文化名城保护规划	矢量	C
		其他专项规划	矢量	C
		城市设计	信息模型	C
	已有相关规划	原主体功能区规划	矢量	C
		原土地利用总体规划	矢量	C
		原城乡规划	矢量	C
	其他	如多规合一等	矢量	C
工程建设项目数据	立项用地规划许可数据	策划项目信息（未选址）	结构化数据	C
		协同计划项目（已选址）	矢量	C
		项目红线	矢量	M
		立项用地规划信息	结构化数据	M
		证照信息	结构化数据	M
		批文、证照扫描件	电子文档	M
	建设工程规划许可数据	设计方案信息模型	信息模型	C
		报建与审批信息	结构化数据	M
		证照信息	结构化数据	M
		批文、证照扫描件	电子文档	M
	施工许可数据	施工图信息模型	信息模型	C
		施工图审查信息	结构化数据	M
		证照信息	结构化数据	M
		批文、证照扫描件	电子文档	M
	竣工验收数据	竣工验收信息模型	信息模型	C
		竣工验收备案信息	结构化数据	M
		验收资料扫描件	电子文档	M

续表

门 类	大 类	中 类	类 型	约 束
公共专题数据	社会数据	就业和失业登记、人员和单位社保	结构化数据	C
	法人数据	机关、事业单位、企业、社团	结构化数据	C
	人口数据	人口基本信息/人口统计信息	结构化数据	C
	兴趣点数据	引用 GB/T 35648	矢量	O
	地名地址数据	地名	矢量	C
		地址	矢量	C
	宏观经济数据	—	结构化数据	C
	社会化大数据	微信、手机信令、浮动车等位置服务大数据	—	O
		城市运行数据（水、电、气、公交刷卡等运营数据）	—	O
物联感知数据	建筑监测数据	设备运行监测		C
		能耗监测		O
	市政设施监测数据	按城市道路（含桥梁）、城市轨道交通、供水、排水、燃气、热力、园林绿化、环境卫生、道路照明、工业垃圾医疗垃圾、生活垃圾处理设备等设施及附属设施分类		C
	气象监测数据	雨量	—	O
		气温		O
		气压		O
		相对湿度		O
		其他		O
	交通监测数据	交通技术监控信息		O
		交通技术监控照片或视频		O
		电子监控信息		O
	生态环境监测数据	按河道水质、土壤、大气监测指标分类		O
	城市安防数据	治安视频、三防监测数据、其他		C

5.1.2 CIM 数据总体架构

CIM 数据总体架构包括数据采集汇聚层、数据存储管理层、数据分析服务层和数据应用展示层，具体如图 5-1 所示。

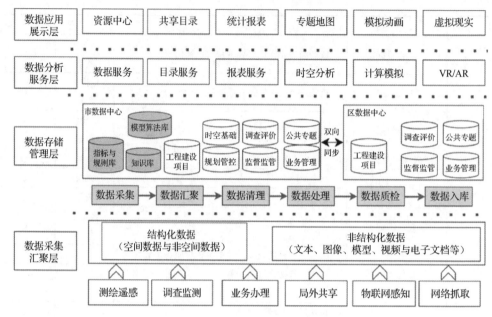

图 5-1 CIM 数据总体架构

（1）数据采集汇聚层：采用测绘遥感、调查监测、业务办理、局外共享、物联网感知和网络抓取等手段采集结构化数据和非结构化数据，对多源异构数据进行采集汇总，并通过数据共享交换机制汇聚整合农业、水利、发改、住建、交通、环保等部门的相关数据，基于统一的标准规范、统一的空间基准、统一的注册接入，对跨业务、跨行业的数据进行整合与接入，各部门按照"谁生产、谁负责"的原则开展本部门数据的管理、维护和更新，确保 CIM 数据实时互通共享和同步更新。

（2）数据存储管理层：经过数据采集、数据汇聚、数据清理、数据处理和数据质检等步骤，按 CIM 系列数据标准进行入库存储，按照物理分布、逻辑统一的技术路线，构建市、区两级数据中心。在市数据中心存放统一的知识库、模型算法库、指标与规则库等数据，并能自动同步各区数据中心的工程建设项目、调查评价、公共专题、业务管理和监督监管等数据。

（3）数据分析服务层：通过 CIM 引擎、二维和三维服务、分布式计算、数据挖掘、全文检索服务引擎、模拟仿真、VR/AR 引擎等技术，实现数据服务、目录服务、报表服务、时空分析、计算模拟和 VR/AR，为数据应用展示提供服务基础。

（4）数据应用展示层：借助桌面端、移动端、大屏等，直观展示资源中心、共享目录、统计报表、专题地图、模拟动画、虚拟现实等，支持各类业务场景应用。

5.1.3　数据保密共享

5.1.3.1　数据保密要求

CIM 平台作为智慧城市数字底版和国家数据安全保密要求在一定程度上具有矛盾，需探索在满足保密要求的条件下推进数据有条件共享或充分共享的方法。为更好发挥 CIM 平台作为数字底版的作用，建议根据《测绘地理信息管理工作国家秘密范围的规定》等国家空间数据相关保密要求，探索 CIM 平台数字底版数据的脱密和安全防护措施。

根据《测绘地理信息管理工作国家秘密范围的规定》等国家空间数据保密要求，CIM 平台数据保密在种类、精度、范围上的规定要参考表 5-2 所示的数据保密要求。

表 5-2　数据保密要求

序号	CIM 数据	秘密事项名称	知悉范围
1	CIM1 级	军事禁区以外 1∶10 000、1∶5 000 国家基本比例尺地形图（模拟产品）及其全要素数字化成果；军事禁区以外连续覆盖范围超过 25km² 且大于 1∶5 000 的国家基本比例尺地形图（模拟产品）及其全要素数字化成果	—
2	CIM2 级	含有国家法律法规、部门规章及其他规定禁止公开内容的水系、交通、居民地及设施、管线等分要素测绘地理信息专题成果	—
3	CIM3 级	优于（含）20m 等高距的等高线，以及与其精度相当的高程注记点	—
4	CIM4 级	军事禁区以外平面精度优于 10m 或地面分辨率优于 0.5m，且连续覆盖范围超过 25km² 的正射影像	—
5		军事禁区以外平面精度优于（含）10m 或高程精度优于（含）15m，且连续覆盖范围超过 25km² 的数字高程模型和数字表面模型成果	—
6		军事禁区以外平面精度优于（含）10m 或地物高度相对量测精度优于（含）5%，且连续覆盖范围超过 25km² 的三维模型、点云、倾斜影像、实景影像、导航电子地图等实测成果	—
7		与上述秘密级条款涉及的要素、空间精度和范围相当的其他测绘地理信息成果	—

5.1.3.2　数据共享方式

结合 CIM 平台建设需要，根据"谁提供、谁负责、谁维护""一数一源、共建共享"的原则，制定 CIM 平台数据共享资源清单，通过明确共享数据项、数据类型、数据格式或服务类型、数据提供方式及保密要求，夯实 CIM 平台作为规划资源板块数字底版的能力。

CIM 平台数据共享包含在线共享和离线拷贝两种方式。在线共享主要以提供数据服务的方式开展，结合 25km² 数据保密规定要求，通过设置分级授权进行服务共享。CIM

数据在线共享服务的类别主要有网络地图服务（WMS）、基于缓存的网络地图服务（WMS-C）、网络瓦片地图服务（WMTS）、网络要素服务（WFS）、网络覆盖服务（WCS）、网络地名地址要素服务（WFS-G）、索引 3D 场景服务（I3S）、3DTiles 服务。各类数据建议采用的服务类型及数据共享方式参考表 5-3 所示的 CIM 数据共享清单。离线拷贝可通过移动介质拷贝共享 CIM 数据。基于区块链技术可以设计海量 CIM 数据分级授权交易的多层区块链模型，包括身份认证、智能合约、访问控制机制、数据存储模型设计等，实现 CIM 数据上传、分发安全加密，交易记账信息管理等功能。

表 5-3　CIM 数据共享清单

一级名称	二级名称	数据类型	宜采用服务类型	保密要求	推荐数据共享方式
时空基础数据	行政区域	矢量数据	WMS、WMTS、WFS	公开	协议共享
	电子地图	切片数据	WMS、WMTS	超出 25km² 源数据保密	25km² 内协议共享源数据；25km² 以上脱密处理后、协议共享源数据
	数字高程模型	数字高程模型	WMS、WMTS、WCS 或 I3S、3D Tiles	超出 25km² 源数据保密	25km² 内协议共享源数据；25km² 以上脱密处理后、协议共享源数据
	水利三维模型、建筑三维模型、交通三维模型、管线管廊三维模型、场地及地下空间三维模型、植被三维模型	三维数据	I3S、3D Tiles	超出 25km² 源数据保密	25km² 内协议共享源数据；25km² 以上脱密处理后、协议共享源数据
	数字正射影像图	影像数据	WMS、WMTS、WCS	超出 25km² 源数据保密	25km² 内协议共享源数据；25km² 以上脱密处理后、协议共享源数据
	倾斜摄影建模数据和点云数据	影像数据或三维数据	WMS、WMTS、WCS 或 I3S、3D Tiles	超出 25km² 源数据保密	25km² 内协议共享源数据；25km² 以上脱密处理后、协议共享源数据
	可量测实景影像	实景数据	实景地图服务	超出 25km² 源数据保密	25km² 内协议共享源数据；25km² 以上脱密处理后、协议共享源数据

续表

一级名称	二级名称	数据类型	宜采用服务类型	保密要求	推荐数据共享方式
资源调查与登记数据	地质调查、国土调查、耕地资源、不动产登记数据	矢量数据	WMS、WMTS、WFS	超出 25km² 源数据保密；25km² 以内涉及隐私权益的敏感数据	25km² 内协议共享源数据
规划管控数据	开发评价、重要控制线、已有相关规划	矢量数据	WMS、WMTS、WFS	不涉密	按需共享源数据
工程建设项目数据	立项用地规划许可数据	矢量数据	WMS、WMTS、WFS	非涉密工程的数据	协议共享源数据
	项目规划报建 BIM 数据	BIM 数据	I3S、3D Tiles	非涉密工程的数据	协议共享源数据
业务管理数据	土地业务、地质矿产业务、不动产登记业务、测绘业务、自然资源确权、其他资源（如海洋）	矢量数据	WMS、WMTS、WFS	超出 25km² 源数据保密；25km² 以内涉及隐私权益的敏感数据	25km² 内协议共享源数据
监督监管数据	土地监管、城乡规划督察、国土执法监督	矢量数据或影像数据或三维数据	WMS、WMTS、WCS 或 I3S、3D Tiles	超出 25km² 源数据保密；25km² 以内涉及隐私权益的敏感数据	25km² 内协议共享源数据
公共专题数据	法人数据、人口数据	关联位置或行政区的结构化数据	WMS、WMTS、WFS	敏感、不涉密	协议共享源数据
	兴趣点数据	矢量数据	WMS、WMTS、WFS	公开	协议共享
	地名地址数据	地名地址数据	WFS-G	公开	协议共享

5.1.4　数据存储更新

5.1.4.1　数据同步更新机制

各级相关部门要加强数据全面汇聚、融合联通、业务驱动、动态更新，促进信息互通共享，建立分布式存储、分工维护、有机集成、及时汇交、统一共享、安全可控和泛在服务的数据管理和应用机制，按照"谁生产、谁负责"的原则，建立横向跨业务、跨行业协同，纵向市、区两级联动的数据双向共享与更新维护机制。

数据存储可采用数据中心的方式，分为市数据中心和区（县）数据中心，其中市数据中心的数据存储在市局机房或政务云，采用"逻辑集中、物理分离、服务共享"的方式，区（县）数据中心的数据分布存储在各区（县）机房或区（县）政务云，采用"物理集中、数据汇交、服务调用"的方式。

CIM 平台数据存储架构设计如图 5-2 所示。

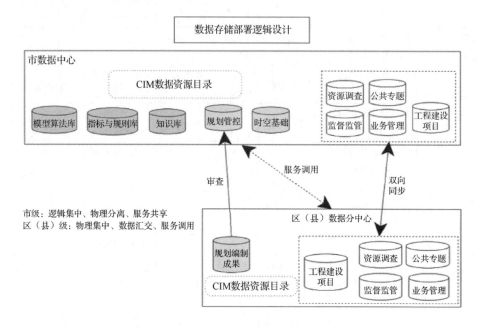

图 5-2　CIM 平台数据存储架构设计

更新频率低的时空基础类数据由市统一更新维护，并通过时空信息云平台对外（政务版、公众版）提供在线服务，原始数据（25km² 内）符合保密要求后授权在政务内网下载。

更新频率低的规划管控的编制成果由各区通过"多规合一"平台在线提交编制成果，在线审查后以服务形式共享调用（审批的依据）。

时效要求高的工程建设项目、资源调查、公共专题、监督监管及业务管理，由各区（县）动态更新维护并自动同步汇聚交至市平台。市级审批项目成果数据也逆向同步至区（县）分局。

5.1.4.2　数据更新频次与方式

工程建设项目、业务管理、监督监管需随业务办理实时更新，规划管控类数据随批复版本按需更新，时空基础、资源调查、公共专题等其他数据按需更新。

从数据更新方式角度分，数据更新主要存在手动定期/不定期更新、自动动态更新两种方式，不同的数据需要采用不同的更新方式：

（1）针对以项目形式产生的数据或以年度方式产生的数据，建议采用手动定期/不定期更新方式；

（2）针对随业务审批产生的业务数据，建议采用自动动态更新方式随审批自动更新。

5.2　功能架构设计

通过对智慧城市应用领域的城市规划、设计、建设和管理方面的定位与需求分析，确定 CIM 平台智慧城市领域的应用架构（见图 5-3），CIM 平台提供数据汇聚与管理、数据查询与可视化、平台分析与模拟、平台运行与服务、开发接口等基础功能，以及面向"规、设、建、管"领域的应用，为政府各委、办、局提供管理与服务支撑。

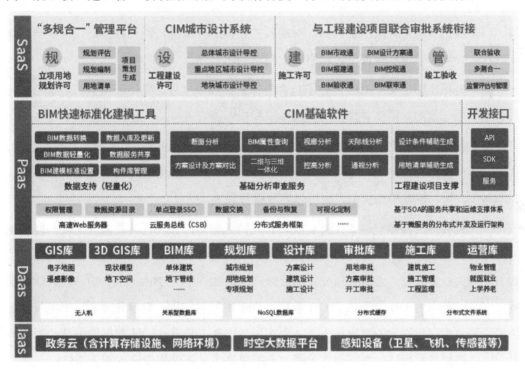

图 5-3　应用架构

5.2.1　数据汇聚与管理

CIM 平台的数据汇聚与管理系统应提供模型轻量化、数据资源加载、BIM 数据管理、CIM 平台数据标注管理、空间数据管理等功能模块。

5.2.1.1　模型轻量化

（1）模型导入：支持选择本地的模型文件和读取模型服务实现模型导入，以便进行轻量化操作。

（2）模型抽取：使用 API 进行二次开发，实现从模型中提取数据的功能。对模型信息的提取主要分为两大内容：一是模型中所有的构件清单，二是所有构件所带有的属性参数。将所有构件所负有的参数化属性信息提取出来得到完整的模型信息。

（3）碰撞检测：碰撞检测分为硬碰撞和软碰撞两种。在模型校核清理链接之后通过碰撞检测系统运行操作并自动查找出模型中的碰撞点，用于完成场景中所指定的任意两个选择集合中的图元之间根据指定条件进行碰撞和冲突检测的工作，并对结果进行显示和管理。

（4）数据清洗：利用清洗规则，对接入的数据进行清洗，纠正数据错误，检查数据一致性，处理无效值和缺失值，如删除 CAD 链接。

（5）坐标投影定义：BIM 文件不包含坐标系和投影信息，要保证模型和场景的坐标系和投影是一致的，需要对模型定义坐标系和投影。

（6）格式转换：开发常用的 BIM 软件如 Revit、Catia、Bentley 的数据格式转换插件，实现 BIM 软件自有格式与通用 BIM 数据格式的转换，目标格式包括 IFC、FileDB、CityGML，可以转换单个模型，也可以实现批量转换。

（7）数模分离：模型包含几何数据和非几何数据两部分。几何数据就是我们能看到的二维、三维模型数据，非几何数据通常指模型所包含的分部分项结构数据、构件属性数据等相关业务数据。通过数模分离的处理，模型文件中有 20%～50%的非几何数据被剥离出去，导出为 DB 文件或 JSON 数据，供应用开发使用。数模分离后，模型仅包含结构信息，但存在唯一的对象标志，从而实现与 DB 文件或 JSON 数据的关联。当需要查看模型的属性数据时，再根据这个唯一的对象标志从数据库中读取相关属性。

（8）模型拆分子对象：部分模型在建模时，创建的族类型较为复杂，在最终的模型中单个对象存在较多对象，且三角面过多，导致场景性能较差，此时可以使用拆分子对象的方式，将单个对象拆分为多个小对象。

（9）删减子对象：对模型数据中的所有对象或选中对象进行删除或简化来达到模型轻量化的目的，如删减门把手、锁芯等数据量大且没有实际应用价值的信息，达到模型轻量化的目的。

（10）模型切分：在管道模型中常存在单个管道对象非常长（长度在几千米），并且三角面数为几十万的情况，此时模型就相对非常复杂，不利于使用。对此类型数据的优化通常采用模型切分的方式，将长的模型切分成多段小模型。

（11）移除背立面顶点：导出的模型通常存在一些不影响视觉效果的背立面及重复顶点和重复面，这些重复顶点和重复面在渲染过程中是不必要的，会造成资源消耗。在实际操作中要选择模型中需要进行重复点移除操作的对象范围，包括所有对象和选中对象。

（12）LOD 提取与轻量化：根据 BIM 的 LOD 级别进行提取和轻量化，降低模型的大小，以便在大场景里面对模型进行加载和浏览。LOD 的划分参考国家标准 GB/T 51301—2018《建筑信息模型设计交付标准》4.3.5 章节中的几何表达精度的等级划分要求进行划分。进入 CIM 平台展示的 BIM 可按 G1、G2 进行提取与轻量化。

（13）图片材质提取：在 LOD 提取与轻量化过程中，支持提取模型的图片材质，支持 BIM 中材质图片数据的存储的索引。

（14）参数化几何描述：参数化几何描述指用多个参数来描述一个几何体，参数化几何描述可以将单个图元做到最极致的轻量化。例如，一个圆柱（见图 5-4）可以使用如下三个参数：参数 1 为底面原点坐标（x、y、z，三个参数）、参数 2 为底面半径（r，一个参数）、参数 3 为柱子高度（h，一个参数），使用五个参数即可完成一个圆柱体的搭建，非常精简。

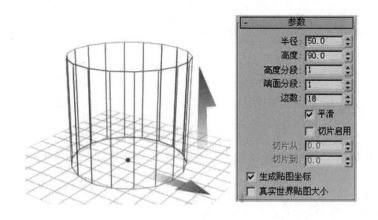

图 5-4　圆柱参数化集合描述示例

（15）简化三角网：简化模型数据中所有对象或选中对象，简化大量冗余的三角面，降低内存的占用，提高模型在三维场景中的浏览性能。

（16）相似对象提取：将相似的模型图元进行合并，实现数据压缩，只加载基本模型，其他模型在基本模型基础上进行几何参数变换。

（17）图元合并：利用相似性算法自动减少图元数据，实现几何数据的轻量化。如BIM模型中很多桩的形状一模一样，只是位置不一样，可以做图元合并来实现轻量化，即只保留一个桩的数据，其他桩记录一个引用+空间坐标即可。

（18）消息队列：支持消息的缓冲管理，利用消息队列技术实现数据的顺序分发。

5.2.1.2 数据资源加载

（1）地形、影像数据：加载本地地形、影像数据，以及网络基于OGC标准的地形与影像的数据服务。

（2）二维矢量数据：支持本地矢量数据加载（Shapefile）；支持网络基于OGC标准的各种矢量数据加载，具体如土地利用总体规划、基本农田保护规划、城市总体规划、详细规划等各类规划编制数据，"三区三线"等多规合一数据。

（3）三维模型数据：实现本地及网络三维模型数据加载，包括倾斜摄影、激光点云数据等，支持不同格式的三维模型，包括.gdb、.shp、.dae、.obj、.3ds、.osgb格式。

（4）BIM数据：实现本地及网络BIM数据加载，支持不同BIM软件生产的模型，包括Revit、Bentley、CATIA和基于IFC数据标准的模型。

（5）漫游动态加载：以人的视角漫游某条道路或社区，平台自动加载当前视点周边的多源数据，包括房屋、道路模型、业务数据等。

5.2.1.3 BIM数据管理

（1）BIM检查：按BIM交付标准对BIM进行检查，包括检查文件命名、数据组织、属性数据质量、空间是否重叠交错、构件属性完整性等。

（2）模型数据查询：对BIM报建上传后的模型进行查询，形成BIM数据清单，内容包括上传时间、上传对象、数据名称、设计单位、审批单位、建设单位、用途、BIM文件、关联的文件、BIM格式等内容。

（3）BIM上传：在线上传模型，模型上传后可在BIM数据清单中进行进一步管理。

（4）第三方模型接入：对第三方系统推送过来的 BIM 进行管理，支持模型查询与发布等。

（5）模型发布预览：可选择对上传后及第三方系统推送过来的 BIM 发布服务。在发布过程中会调用模型轻量化服务进行轻量化处理，发布成功后返回服务地址，并提示发布的状态。模型发布完成后可对 BIM 的实际效果进行预览。

（6）模型版本更新：可实现对 BIM 文件更新，并生成新的版本；对模型的版本进行管理，实现添加、删除和对比。

（7）BIM 导出：将 BIM 导出，或转换为标准的 BIM 数据格式。

（8）模型文件关联：使整个 BIM 构件关联图纸、照片和文件等数据，实现工程项目数据的可视化存档和查找。

（9）模型比对分析：支持对平台中同一个模型不同版本之间的比对、同一个项目不同过程之间的比对，对变更前后的模型检测出新增、删除和修改的内容，新增、删除或修改的内容可自动生成构件列表，并能进行双屏或多屏联动展示，具有隔离、隐藏、显示及保存选择集功能，支持模型比对分析结果的在线联动查看和导出应用。

（10）BIM 剖切：实现对 BIM 横向、纵向或任意角度的剖切，方便用户查看模型的剖切面，详细了解模型内部。

（11）BIM 测量：支持模型三维测量，含点到点、面到面、净距、长度、面积、角度六大测量功能选项，方便用户随时获取模型距离信息。

5.2.1.4　CIM 平台数据标注管理

（1）添加标注：可在线标注云状线、形状、文字注释等，可为标注添加描述信息、常用符号，智能化插入时间戳，用户能自定义标注文字的大小、颜色、风格及线条的宽度和线型等。

（2）标注管理：标注管理主要是添加、删除、组织、管理不同标注标签，当再次单击已保存的标注可以恢复、重现当时批注保存的内容和视角，方便定位查找问题。

（3）共享标注：共享标注主要是用于将生成的问题批注截图发给相关专业人员，生成问题追踪列表并同步到平台相应的项目管理问题列表。用户可以按需将指定的标注分享给一人或多人，支持输入关键信息对相关用户进行快速检索。被共享的用户可以收到消息提醒，可及时查看共享的信息，讨论问题并跟踪问题解决状态，实现业务协同。

5.2.1.5 空间数据管理

（1）元数据管理：管理数据的数据类型、数据来源、数据版本、覆盖区域、数据编码、比例尺、坐标参照系统、投影类型、投影参数、高程基准等相关信息。

（2）数据源管理：管理系统能够使用的空间数据库或 MIS 表数据库是所有矢量图层和关联 MIS 表的来源。通过新增、修改、删除配置数据库链接参数，可查看数据源名称、IP 地址、服务名称、用户名、数据库类型、端口和 URL 地址。

（3）专题管理：专题管理通过专题的方式灵活应对图层的控制，支持用户对各个部门定义不同的专题，形成专题列表。用户可根据配置后的专题，在专题列表中自行切换选择查看不同的专题，如"多规合一"专题、矢量数据专题、BIM 资源专题。

（4）数据符号库管理：支持对二维点数据、线数据、面数据用符号进行渲染。可根据符号的名称、类型进行快速查询，查看相应符号的缩略图、名称、类型和使用状态，也可按需对指定符号进行添加、修改、删除、映射等。

（5）数据清洗：利用清洗规则，对接入的数据进行清洗，纠正数据错误，检查数据一致性，处理无效值和缺失值。

（6）数据转换：利用转换规则，对用户传入的非格式化数据进行识别，转换为标准化数据。

（7）数据更新：提供大量自动处理功能，如自动更新行政区界限，自动更新城、镇、村等用地，最大限度减少实施人员的工作量。同时，对于失误变更的操作，系统提供自动退回功能。

（8）业务数据表关联管理：提供业务数据表与空间数据表的关联管理，通过关联设置，可以在地图上方便地查看各类关联的业务数据。

（9）字段配置管理：字段配置管理可以定制各个数据表在系统显示的字段配置，可以定制字段别名，可以定制字段是否显示、编辑、支持模糊查询及注记配置。同时可以通过置顶、上移、下移、置底操作来调整各个字段间的相对顺序，并保存当前配置。

（10）数据资源目录管理：对数据按照不同类别进行分类，组织成不同的数据资源目录结构。数据资源目录管理的访问权限通过数据授权管理完成。目录管理通过新建/删除文件夹和新建/删除图层操作控制实现。

（11）数据专题配置：数据专题配置就是对专题资源权限的管理，支持根据不同类型的用户配置图层数据组织方案，具体包括专题应用管理、专题图层配置和专题权限管理。专题应用管理按业务应用的要求对数据进行逻辑组织及管理，主要实现应用专题的新增、删除、修改等功能。专题图层配置中用户可以配置图层数据是否默认显示和图层的透明度，或通过图层间的上下移动来配置图层的相对顺序和绝对顺序，并可保存该图层数据组织方案。通过专题权限管理来根据不同类型的用户配置图层数据组织方案。

5.2.1.6　CIM 平台数据交换

CIM 平台数据交换宜采用前置交换或在线共享方式进行。

（1）交换参数设置：支持用户对交换参数进行设置，提供自定义的数据交换类型。

（2）数据检查：在数据交换时进行前置检查，对其数据是否规范与通用进行确认，防止错误数据同步产生的问题。

（3）交换监控：对数据交换过程全程监控，以日志记录相关用户及数据的交换详细信息，保证信息交换可溯源，防止违规数据交换的意外事件。

（4）消息通知：提供通用触发条件，额外支持自定义触发条件的设置，通过系统对预设用户发送消息通知。

（5）服务浏览：根据用户权限提供对服务的浏览权限。

（6）服务查询：对 CIM 平台的全局服务进行查询、定位及详细介绍，并提供对用户开放服务的快捷入口。

（7）服务订阅：通过订阅方式管理用户使用的服务集，方便用户进行灵活的服务变更与使用。

（8）数据上传下载：提供数据上传功能，方便历史数据的管理、错误数据的替换、遗漏数据的补充；提供数据下载功能，支持用户进行数据的下载及应用，对敏感数据进行权限管理和日志记录。

5.2.2　数据查询与可视化

数据查询与可视化将提供查询与统计分析、试点切换与漫游、数据高效渲染、可视化展示等功能模块。

5.2.2.1 查询与统计分析

（1）基础属性查询：基础属性查询可以实现对场景中所有数据的基础信息查询，如对于 BIM 而言，可以查看 BIM 每一个构件的属性，用树状结构将模型所有的构件按类型展示，可筛选构件，可定位具体的构件并查看其详细属性，包括但不限于模型名称、项目名称、项目编号、上传时间、上传对象、数据名称、设计单位、审批单位、建设单位、用途、关联的文件等内容。

（2）模型信息检索：支持模型单体化展示城市建筑信息，在图层列表搜索框中输入目标模型名称的关键字即可检索出相关模型，方便用户快速查找城市信息模型。

（3）关联信息展示：关联信息展示可以以分项列表的形式展示 BIM 上传时所关联的全部信息，包括相关的文档、图纸、图片、视频、压缩包等，并可同步查看不同文件类型的数目，以及上传文件的名称、格式、大小、上传时间、上传人等详细信息。同时，支持用户键入关键字快速检索相关材料、在线预览、按需下载、查看下载状态及添加个人标注与说明等。

（4）数据统计分析：数据统计分析可按年份、月份、区域、阶段分类统计，如统计平台中的模型总数、设计模型数、竣工模型数；统计分析区域（某街道、片区、商圈）的总用地面积、总建筑面积、建筑数量；统计某个 BIM 中的所有构件种类、构件数。实现分析结果多种表达形式的直观展示，可图表联动，支持分析结果的在线查看和导出应用。

5.2.2.2 视点切换与漫游

（1）视点管理：支持用户添加任意观察角度的视点，并捕捉当前镜头状态为缩略图，添加到视点列表中，备注视点标签名称，方便后期查看检索。单击视点时，可直接定位到对应的空间位置，并同步开启室内模式、地下模式等功能。

（2）录制漫游：在路径录制的页面中设置不同场景下虚拟漫游的路径（绘制指定路径、导入已有路径）、ID、标题、描述、平滑次数，调整录制的速度、角度和方向，支持添加关键性镜头的状态图为特定节点，可随时定位关键帧位置，取消、完成和保存当前路径录制，形成视点漫游列表。

已经录制完成的漫游，可重新进行播放，自动沿轨迹进行行走。例如，为降低灾害损失，指定一个直观的逃生路线进行逃生疏散路线的动态模拟，高度还原三维视角下城市的真实情况，让用户身临其境，获得更真实的浏览体验，方便领导和城市工作者做出科学决策，让公众更好感知城市建设。

（3）普通漫游：实现鼠标键盘在场景下的自由漫游。

（4）地下漫游：实现地下数据的漫游。

（5）室内漫游：实现室内漫游，拥有带有重力、碰撞效果的真人视角漫游功能，可自定义调节移动速度和旋转速度。

（6）自定义漫游：实现步行、车行、飞行模式漫游场景，实现用固定高度、自动旋转、定向观察等方式进行漫游。

5.2.2.3　数据高效渲染

（1）LOD 动态加载：通过多重 LOD 计算，为同一个构件分别生成轮廓模型与精细实体模型。在三维几何数据的实时渲染阶段，通过实时计算视点与模型的距离，进行动态的轮廓模型与精细实体模型的内存加载与渲染。具体策略如下。

① 在小比例尺（1∶30 000 以下）下仅展示影像/电子地图，三维数据不进行加载；通过标记或叠加二维图层来展示地物信息。

② 在中比例尺（1∶1 500 至 1∶30 000）下展示白模/倾斜摄影单体化数据/其他格式的三维数据（仅加载建筑/地物的外轮廓），以一栋建筑/一个项目作为一个单体要素。

③ 在大比例尺（1∶1 500 以上）下仅展示视野范围内以屏幕为中心的一定范围内的 BIM 详细内部构件，其他 BIM 只展示白模或建筑外壳。

（2）图像渲染：基于 WebGL 的图像渲染引擎进行深度开发，基于 GLSL 开发自主的着色器，提供光照、水纹、云层、动画、粒子效果等诸多功能的底层特性支持，有助于实现逼真的效果，加速图像的渲染。

（3）模型渲染：基于模型的结构化特性，封装参数化的模型构件设计，实现基于构件的对象管理，可有效提升 LOD 层级的渲染管理。

5.2.2.4　可视化展示

（1）多源融合展示：支持融合展示城市白模数据、倾斜摄影数据、BIM、传统精细化三维模型、二维数据、地形数据等基础数据，以及规划、地质、管线等业务数据。

（2）二维和三维联动展示：实现二维数据、三维数据同台展示，方便用户直观查看对比数据的变化情况，提高用户体验，使其更好地感知城市建设，如二维和三维地图联动、三维提取建筑底面、数据导入二维和三维联动等。

（3）地上地下一体化：展现地上地下一体化的城市三维空间，可以从地上快速切换到地下模式，浏览包括地下管线、管廊、地铁等数据。

（4）室内室外一体化：实现室内室外浏览，支持用户在室内进行自由漫游，并可观看室外景观，提供如室内导航、快速定位、楼层切换等小工具。

（5）BIM 全流程展示应用：支持通过控制开关选择查看 BIM 的全流程信息，如直观展示建筑模型所在地的立项用地规划许可、工程建设许可、施工许可和竣工验收各阶段信息，并对应展示该建筑审批全过程的所有信息，同时支持项目定位展示，实现审批数据项目化、地块化关联。

（6）多屏对比：实现多源数据同台多屏对比，可进行分屏设置，如对比 BIM 和 CAD 平面图。

（7）多屏联动：实现多源数据的同步联动，如二维数据和三维数据的联动、二维数据与 BIM 数据的联动。

5.2.3 平台分析与模拟

充分利用 BIM 的可模拟性，结合二维地图、三维模型等数据，实现天际线分析、净高分析、控高分析、退线分析、视线分析、视域分析、景观可视度分析、详细规划盒子分析、标高核查、方案比选等数据分析与模拟功能，为工程建设项目各个环节的审批提供智能辅助决策及辅助各类规划编制。

（1）天际线分析：通过绘制天际线视野、控制调节观察视角、设置效果图参数（像素大小、天际线背景颜色）分析生成特定视角下的城市天际线，并支持分析结果下载导出。

（2）净高分析：结合拟建项目实际情况，针对特定楼层、标高、受结构影响空间较窄或较低的区域、管线密集交叉的区域及出管道井和出机房的区域等极易出现净高不满足要求情况的区域，根据净高值按需渲染，输出净高分布图，直观展示不利点，标识出最低点标高值。

（3）控高分析：控高分析是对片区内各地块的建筑高度控制做定量的专项研究。用户绘制分析的目标区域，输入限高值后执行分析即可在场景中直观查看一定范围内建筑物的控高情况：其中红色表示超过限高，黄色是在限高的警戒线（3m 容差）范围内，绿色表示满足限高要求。控高分析同样支持项目、三维建筑的智能化定位，以及下载应用控高分析报告。

（4）退线分析：退线分析用于规定建筑物应距离城市道路或用地红线的程度。平台支持用户直接在场景中绘制道路线或加载平台已有的道路数据，设置退线距离，分析展示结果列表，支持图表联动，并通过线条颜色和距离标注直观可视化表达区域内建筑的退线情况：低于退线距离为红色线条，大于但是接近退线距离限制为黄色线条，远超出退线距离限制则为绿色线条。退线分析同时可对建筑退线分析结果予以评分，并且下载导出报告。

（5）视线分析：视线分析将人在地面上或某个建筑的阳台、窗户上的视角点作为眺望点，由平台自动生成并判定眺望点和被观看对象之间（其他任意一点）的可视情况。对在人的视线内对眺望点产生阻挡的建筑，平台将自动进行提示分析。视线分析将单个模型放置于城市中，从宏观的角度考虑是否需要对模型进行优化调整。

（6）视域分析：视域分析是从任意一点出发判断区域内所有其他点的通视情况。各种建设方案与周边环境的空间通视关系可以在三维场景中直观展现出来，尤其是景观周边的报建方案，避免因报建方案太高遮挡附近的景观。

（7）景观可视度分析：应用 BIM 技术的景观可视度分析是建立在定量分析之上的，通过科学的直观图表表达。其主要分析区域地标性建筑在某区域范围内的空间可视度。基于遮挡分析可以对地标性建筑物的可视面积进行解析。其中，景观可视度分析可以对地标建筑及景观等在指定区域范围内的视觉通透性进行分析，而且可以对建筑物内的某一个点对外指定区域范围内的景观视觉进行通透性分析。同时，景观可视度分析还包括生成及输出指标图表，支持模型导入及可视区域内的边界条件布设。

（8）详细规划盒子分析：详细规划盒子分析以三维形式直观显示详细规划数据，并根据不同用地分类性质渲染形成详细规划盒子，用户可查看详细规划盒子的用地编码、用地性质、详细规划限高值、容积率、地块面积、建筑面积、退线要求等基本信息，加载设计方案后执行分析，验证详细规划盒子内的建筑指标是否超出城市详细规划限制。其支持导出 Word 分析报告，评价分析结果。

（9）标高核查：标高核查用于分析立面图各楼层的标高是否与建筑施工平面图相同，核查建筑施工平面图的标高是否与结构施工图的标高相符；核查门窗顶标高是否与其上一层的梁底标高相一致，对门窗顶标高、露台标高能实现智能定位及可视化展示。

（10）方案比选：支持查看不同设计方案的详细信息，如方案名称、建筑高度、建筑层数、建筑面积、基地面积和容积率。同时平台提供按需添加指标项的功能和隐藏相同信息项功能。

（11）公共服务设施覆盖分析：为反映社区公共服务设施整体覆盖水平，将社区医疗卫生、教育、文化、体育、养老等各类设施按步行 15 分钟即可到达的覆盖率标准进行叠加，统计分析社区公共服务设施步行 15 分钟的覆盖率。

（12）人流分析：通过对城市人流的数据统计，对城市人口数量、分布、流动性等要素进行分析，如城市人口分布分析、网络人口分析、总体工作出行分析、指定区域工作出行分析、外地人口数量分析等。

（13）交通流分析：实现交通量、拥挤度及平均车速等多种交通流量统计数据的形象查询和显示。

（14）地块强排方案：强排是为了测算项目成本及利润率，帮助业主判断地块准确价值，研究地块中方案的可行性，针对各方不同要求，为业主提供相应的设计方向。地块强排方案是根据地块的规划指标排布建筑的基本方案，同时满足建筑强制性规范、地方规定及业主要求。地块强排方案包括前期准备、强排设计、审查出图，前期准备中包括规范要点汇总、规划条件输入、营销条件输入、地块特征分析；强排设计中包括合理强排、多方案对比、深度达标等；审查出图包括自审填表、负责人审查。

（15）叠加分析：在统一空间参考系统下，通过对两个数据进行一系列集合运算，产生新数据的过程。数据可以是图层对应的数据集，也可以是地物对象。叠加分析的叠置分析目标是分析在空间位置上有一定关联的空间对象的空间特征和专属属性之间的相互关系。多层数据的叠置分析可以产生新的空间关系和新的属性特征关系，以此发现多层数据间的相互差异、联系和变化等特征。

（16）疏散模拟：疏散模拟结合模型中建筑物构件的尺寸、材质物理特性（如保温材质的热传导率、比热以及电阻率等）、疏散人员特征等信息，模拟在紧急情况下的人流疏散情况。用户可加载逃生路径、设置疏散人数等相关参数，得到疏散时间、疏散轨迹、疏散人数曲线图和区域人数变化曲线图，进行可视化和可度量的疏散模拟计算和仿真，确保在安全疏散时间内有效疏散人群，实现个体或群体行为过程的动态模拟。疏散模拟也可以根据预先设置的几种疏散方案进行分别模拟，对比、优化得到最佳的疏散方案。

（17）日照模拟：日照模拟提供日历和时钟表盘小工具，通过日历工具选择月份和日期，转动时钟表盘中的时针和分针调整日照时刻，并在平台左上方展示当前调整时间，动态模拟三维模型在一年四季及一天当中受日照变化的情况，并将此过程可视化。此外，平台提供定制日照时长、导出分析报告功能。例如，设置 12 小时的光照时长（分析范围），执行分析后平台将在 10 秒钟内完成建筑从当前状态开始 12 个小时内的日照分析，每隔 2 个小时（可按需更改时间间隔）截一次日照效果图，用户选择下载报告可智能化生成日照分析报告，辅助用户快速获取区域日照基本信息，计算分析某一层建筑、高层建筑群对其北侧某一规划或保留地块的建筑与建筑部分楼层的日照影响情况或日照时数影响情况。

5.2.4　平台运行与服务

平台运行与服务将提供平台运维管理、数据服务管理等功能模块。

5.2.4.1　平台运维管理

（1）单点登录：为用户提供统一的单点登录、统一的功能授权与数据授权、统一的门户服务。

（2）部门管理：系统将登录用户分部门进行管理，任何一个应用部门在使用平台时需首先向系统管理部门申请登记机构信息，然后才能在用户管理或用户注册中申请本机构的用户。部门管理对使用平台的各应用部门进行信息和权限管理，主要功能包括机构列表、新建机构、修改机构、删除机构及启用和禁用机构等。

（3）用户管理：应用部门在登记部门信息后，分配一个管理员，然后才能由本部门的管理员分配、管理本部门的用户来访问平台。用户管理包含用户账号管理、用户权限管理和信息反馈三个方面的内容。用户账号管理包括增加用户、删除用户、修改用户信息。用户权限管理包括数据权限管理、功能权限管理。

（4）角色管理：角色管理功能应用系统管理员权限来增加、修改、删除、查看该应用功能权限的集合，并能将添加的角色权限授予使用该应用系统的机构的对应岗位，也可将已经授予的角色权限进行回收。

（5）统一授权管理：将平台的功能、数据、服务、专题、模型等按用户和角色进行统一授权管理。例如，可实现对平台每一个可操作功能的权限管理，包括功能菜单、功能按钮等，包含数据下载、浏览权限。提供模型浏览、下载、创建、修改、删除、权限设置六种细粒度的权限控制，可针对任一层级文件夹对组织或成员进行灵活授权，支持批量新增或修改授权等。

城市信息模型平台顶层设计与实践

（6）行为日志管理：实现统一的日志记录、查询、统计、备份管理，可查看日志清单，支持查看平台访问日志、专题访问日志、功能使用日志等日志清单，具体包括平台访问日志、专题访问日志、功能使用日志、数据管理日志、服务访问日志、安全管理日志、平台监控日志、平台在线日志、短信日志等。

5.2.4.2 数据服务管理

数据服务管理包含了地图服务管理，支持各类静态服务与动态服务的接入，并对各类地图服务进行管理，具体包括服务发布、服务注册、服务验证、服务配置等，并同时提供空间数据引擎接口。

（1）服务发布：支持上传本地资源发布的服务，支持使用 Arcgis 引擎和 geoserver 引擎的服务发布，设置发布服务的基本信息，包括服务资源（支持非打包的.gdb+.msd 的地图资源）、选择资源文件、发布目录；支持将模型轻量化功能发布成服务，外部应用可以通过接入服务实现模型轻量化。

（2）服务注册：当服务发布后，需要将服务注册到平台中，而基于服务管理的需要，服务需要严格遵守规则流程且满足相应规范的要求才能进行注册。可以注册的服务类型有两类：Arcgis 服务和 geoserver 服务。详细描述服务注册步骤：

① 对服务站点进行管理，注册服务账号、端口、密码；

② 对该站点下的服务进行列表显示；

③ 选中相关服务的图层进行注册；

④ 选择"扩展功能类型"、选择"服务缓存类型"、选择"服务权限类型"（安全服务、自由服务）、上传服务缩略图（可选）、选择服务分类、设置更多属性信息（更多属性信息结构需通过菜单"系统配置"—"服务扩展属性配置"完成）；

⑤ 查看服务注册信息，包括服务注册类型、服务注册名称、服务显示名称、服务功能类型、服务访问地址、服务描述、服务扩展功能。

（3）服务验证：服务的使用群体分为平台内部用户、外部用户。在服务被用户调用的过程中，当且仅当外部用户调用时会有服务需注册的提示。用户注册完后在该服务验证页面中就能看到该服务的使用申请了。

（4）服务配置：服务配置实现对指定数据服务的配置管理，可设置该数据服务所在的图层组是否可编辑、可查询，是否在平台上默认显示，以及与其他数据服务的相

112

对顺序等。

（5）服务管理：服务管理功能负责对平台运行的服务进行启动、停止、禁用、授权、删除、浏览及查看服务的运行状态等管理。

（6）服务查询：提供依据标题、关键词、摘要、关键字、全文、空间范围、登载时间等内容，进行信息资源目录查询。通过对目录进行管理，用户可以对平台中的各种资源进行组织及管理。

（7）服务编辑：服务编辑可对查询到的、需要修改的数据服务进行编辑处理，如修改数据服务名称。

（8）服务扩展：服务扩展是通过配置列表接入图层或从 URL 链接接入图层实现的，支持用户接入不同图层的数据服务，如瓦片数据服务、矢量数据服务，实现数据在平台上的加载和拓展应用，优化面向应用部门提供开放共享功能的数据服务。

（9）服务日志：通过服务日志可以全面了解平台的使用情况（如到底有多少人在使用，使用情况如何），从地图上能统计出信息堆积情况。随着信息的堆积，数据也越来越敏感。该模块能够清晰地记录是什么人访问了什么数据，访问了什么模块，并且能在地图上直观体现出来。

（10）服务监控：服务监控主要监控服务运行中的异常级别与处理措施、当前访问连接数、总运行时间、总请求数、当前访问的客户的地址、访问持续时间及其总的请求次数等内容。

（11）服务统计：服务统计功能即根据日志对平台中服务使用情况、服务访问流量、服务性能等进行分类统计的功能。

5.2.5　平台开发接口

平台开发接口包括需对外部平台提供的接口与需使用或依赖的外部平台接口。

5.2.5.1　平台开发接口接入方式

平台开发接口接入方式包括自动接入（前置服务端方式）、Web Service 接口方式接入及对外开放接口方式接入等。

5.2.5.2　接口安全保障

为了保证平台安全运行，各种接口渠道都应该保证其接入的安全性。针对每一系统的接入，可以按照接入业务的分类，分配不同的服务授权标识，并在调用接口时，实行一次性口令认证，用以保证接口访问的安全。为了保证接口的安全，还需要对接口通信服务器的系统日志及接口应用服务器的应用日志进行实时收集、整理和统计分析，采用不同的介质存档。

5.2.5.3 数据共享交换与定制开发

数据共享交换通过接入多源异构数据服务和开发 API 接口管理实现平台数据的集成与扩展，提供 Revit、Bentley、CATIA 等常见 BIM 软件生产的模型和基于 IFC 的模型的导入导出服务，完成模型服务交换。

（1）数据共享接口：按数字政府建设要求，平台面向应用部门提供开放共享的数据服务，提供数据共享接口。

（2）二次开发 API：二次开发 API 可以方便地获取平台的数据和功能，包括如下类别。

① 资源访问类接口：提供 CIM 资源的描述信息查询、目录服务接口、服务配置和融合，实现信息资源的发现、检索和管理的接口。

② 项目类接口：管理 CIM 应用的工程建设项目全周期信息，包含信息查询、进展跟踪、编辑、模型与资料关联等操作的接口。

③ 地图类接口：提供 CIM 资源的描述、调用、加载、渲染和场景漫游，以及属性查询、符号化等功能的接口。

④ 三维模型类接口：提供三维模型的资源描述、调用与交互操作的接口。

⑤ BIM 类接口：针对 BIM 的信息进行查询、剖切、开挖、绘制、测量、编辑等操作和分析的接口。

⑥ 控件类接口：提供 CIM 基础平台中常用功能控件调用功能的接口。

⑦ 数据交换类接口：提供元数据查询，以及 CIM 平台数据授权访问、上传、下载、转换等功能的接口。

⑧ 事件类接口：提供 CIM 场景交互中可侦听和触发事件的接口。

⑨ 实时感知类接口：提供物联感知设备定位、接入、解译、推送与调取的接口。

⑩ 数据分析类接口：提供历史数据分析、大数据挖掘分析等功能的接口。

⑪ 模拟推演类接口：基于 CIM 平台的典型应用场景进行过程模拟、情景再现、预

案推演的接口。

⑫ 平台管理类接口：进行平台管理的接口，如用户认证、资源检索、申请审核等。

5.3 基础设施架构

数字政务 2.0 转型阶段的新基础设施已经变成以"云网端"（云计算、互联网/物联网、智能终端/APP）为代表的技术平台。CIM 平台的基础设施架构体系设计的目标是构建云环境下的一体化基础设施架构，打造云环境下政府数据开放共享、资源整合、应用开发新模式，提升新技术、新基础设施条件下政府的治理和公共服务能力。

5.3.1 信息网络资源

信息网络资源一般包括政务内网、政务外网和互联网。CIM 平台的信息网络资源需要满足城市管理、智能化设备运行、用户接入等方面业务的数据传输要求，提供安全、稳定、可靠、快速的数据交互服务，因此应按照城市的规模开展相应的网络基础设施建设，预留外部通信出口，实现与外部网络的连接，同时应在出口部署防火墙等安全设备，提供边界安全防护能力。对信息网络资源进行集中管理和控制，包括监控设备运行状态、管理网络设备的配置、诊断网络故障、分析网络性能和状态等。

5.3.2 本地计算存储资源

本地计算存储资源可对边缘端计算存储能力进行补充，同时满足云端对本地数据的调用。CIM 平台的本地计算存储资源要满足一定周期的存储要求，具备故障恢复能力，保障业务连续性。本地计算存储资源宜结合实际情况建设，灵活部署本地存储机房，适当考虑与其他专业机房或公共设施共建，节约成本，节省空间。

5.3.3 云计算资源

云计算资源承载海量数据信息的汇聚计算，可完成边缘计算节点及本地计算设施无法处理的数据计算任务，进行统一资源部署，可以提供强大的计算能力。云计算资源应建设具备容灾、备份、恢复、监控、迁移等功能，高性能且高可靠性的云数据库和高可靠性的分布式文件系统，提供实时交互与协作能力、配置和使用计算资源能力、传输连接相关网络能力等，支持服务负载均衡和专有网络配置，可根据实际业务需求和策略，经济地自动调整弹性计算资源。

5.3.4 边缘计算资源

边缘计算是指能在网络边缘处执行计算、存储及提供应用服务的新型计算。边缘计算资源要能够处理云计算资源下发的计算任务和向云计算资源发出请求，传送数据资源时应具备双向性，即数据可以是云服务的下行数据，也可以是智能感知设备、物联设备的上行数据。边缘计算资源可以集成本地存储和外扩存储功能，同时可分担计算需求，在物联网边缘节点实现数据优化、实时响应、敏捷连接、模型分析。

5.4 安全体系架构

5.4.1 平台运行安全

通过安全组织、安全策略、安全管理、安全技术框架，形成平台运行安全总体架构框架。

5.4.2 数据安全

数据是信息系统中最重要的资源，为保证 CIM 平台的数据安全，平台设计应包含数据存储安全、数据传输安全、数据访问控制、数据完整性保护、数据库系统安全、数据备份与恢复等安全策略。

1. 数据存储安全

数据存储安全是针对数据库内存储的数据进行管理，包括数据库用户、密码、数据表空间及表的管理，根据应用系统及存储数据的性质来分配应用使用的用户及密码，划分相应的数据库表结构及表空间。在存储数据时要做到数据统一规划，数据存储形式一致，这样既可以保证存储数据的安全性，也可以使数据的存储有条理性。

2. 数据传输安全

加密机制是数据传输安全的基石，是最核心的安全机制之一。信息传输信道安全通常是用信道加密的方法实现的。对于不同的网络层次，采用不同的加密方式，如链路层的链路加密、网络层的 IP 加密及应用层数据加密等。

同时为了在线提交、在线传输材料的安全性，在文件传输过程中，需控制材料文件不是一次上传，而是将数据文件划分为小的数据块，每次向服务器上传约 128KB 的数据，同时在每次上传的数据中附带了文件大小、起始位置、文件 MD5 等信息。

采用非对称加密算法，对分块 CIM（25km² 内）的涉密数据进行加密，只有唯一拥有私钥的人才有权限使用（浏览、引用、复制等），保证数据安全共享。

3．数据访问控制

平台对所有数据进行严格控制，根据用户身份和其在现实工作中的角色和职责，确定访问数据资源的权限，对用户对业务数据的访问权限进行配置。

对系统的所有用户进行分级管理，设置不同的角色，每个角色分配不同的数据权限。保证各级领导及工作人员实现安全有效的身份认证。统一制定身份编码规范，包括人员、单位、角色等，实现整个平台范围内用户标识的一致性，为支持全平台范围内的统一用户管理及信息同步共享奠定基础。为所有用户分配适当权限，并有效地加以管理和控制，实现多级授权管理，将管理员纳入基于角色的授权管理体系中，各级管理员依据其角色，严格限制管理所分配的对象（部门、人员、系统、角色），体现了最小化授权原则。

4．数据完整性保护

在传统的网络安全技术中，主要是运用边界防护系统对网络数据进行一定的安全保护，通过对数据进行加密，并且选取相应的信任对象，从而实现网络完全防护。然而，数据加密和信任对象时依旧会存在一些漏洞，导致传统的网络安全防护技术出现一定的安全隐患，从而威胁网络数据信息的安全。

区块链技术和传统的网络安全技术有着很大的差别，这种网络安全技术并非完全依赖加密技术和信任对象来进行安全防护工作，而是运用反向链接数据机制及共识机制来进行网络安全防护，从而对存储在区块链系统中的数据的完整性进行更为有效的保护。区块链技术并不像传统的网络安全技术那样需要构建网络边界来进行安全防控，而是对区域内部的所有网络数据信息进行监视，可以更为精确地剔除那些虚假的数据，同时抵御和控制对区块链系统中的数据进行攻击的行为，运用区块链技术的这种特性可实现数据信息的完整性保护。

5．数据库系统安全

CIM 平台数据库系统通过可靠的数据库系统安全设计和数据库加密两种方式保证数

据库安全。

针对影响安全的因素，在 CIM 平台数据库系统设计中，应当从两个方面来解决：一是应选择具有安全控制功能的数据库系统；二是采用数据备份与恢复系统对数据库系统的数据做备份，在系统数据库出现故障的时候，通过数据备份与恢复系统对数据库进行恢复。

CIM 平台数据库系统支持记录级加密、字段级加密等多种安全保障机制，即使是系统管理员及开发人员不经授权也无法查看他人的数据或文档。数据库加密措施包括数据强加密、字段加密、密钥动态管理等，加密系统的数据操作响应时间应尽量短，在现阶段，平均延迟时间不应超过 1/10 秒。同时，要使用 SSLVPN 对内网应用进行发布，并根据组织原有的网络线路通过浏览器内置的 SSL 协议在单点接入用户和内部的应用系统之间架设一条安全的通道。无须安装任何客户端软件就能使相关单位职能部门管理人员和移动办公人员安全、方便地远程接入。

6. 数据备份与恢复

数据备份与恢复是采用数据备份及恢复系统对数据库系统中的数据进行备份的，以便在数据库出现问题的时候进行恢复，这是保证系统数据库安全的一个具体措施。数据通过备份、历史记录的保存或日志记录来保证数据安全。通过双击容错保证数据不丢失和系统不停机。

数据备份采用本地备份与同城备份相结合的形式，根据数据规模确保两套不同时间点的数据全副本的容量，并预留部分增量数据空间。

数据备份考虑以下内容。

（1）跨平台数据备份管理：要支持各种操作系统和数据库系统。

（2）备份的安全性与可靠性：双重备份保护系统，确保备份数据万无一失。

（3）自动化排程/智能化报警：通过 Mail/Broadcasting/Log 进行报警。

（4）数据灾难防治与恢复：提供指定目录/单个文件数据恢复。

5.4.3 网络安全

1. 网络结构安全

网络结构安全是网络安全的前提和基础，选用主要网络设备时需要考虑业务处理的高峰数据流量，要使冗余空间满足业务高峰期需要；网络各个部分的带宽要保证接入网

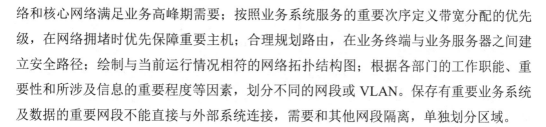

络和核心网络满足业务高峰期需要；按照业务系统服务的重要次序定义带宽分配的优先级，在网络拥堵时优先保障重要主机；合理规划路由，在业务终端与业务服务器之间建立安全路径；绘制与当前运行情况相符的网络拓扑结构图；根据各部门的工作职能、重要性和所涉及信息的重要程度等因素，划分不同的网段或 VLAN。保存有重要业务系统及数据的重要网段不能直接与外部系统连接，需要和其他网段隔离，单独划分区域。

2. 可靠通信

高效利用区块链技术可有效地保障网络通信的安全性和可靠性。

区块链技术能够在极短的时间内把需要传输的每一条数据信息迅速地传播到世界各地的网络节点上，从而保障数据信息可以在短时间内高效、高安全性地进行传播。即便是在无线网络环境中，或者是在互联网服务突然中断的情况下，区块链技术依旧可以运用高频无线电或传真等其他手段继续传递信息。区块链技术可以营造一种更为良好的网络通信服务环境，从而保障通信的质量，使其具备更高的可靠性。

在区块链网络系统中，网络节点并没有部署中心化，一旦其中的某个或一部分通信网络节点出现故障而中断，并不会对整个区块链系统的正常运行造成不利影响，信息依旧能够在网络中继续传输，就算是大部分的节点因为受到攻击或其他客观因素的影响被断开，系统依旧能够继续运行。当区块链系统受到了病毒的恶意攻击，还能够利用协议方式来保证那些可以通过验证的数据及时、安全、可靠地传播出去。

3. 国密算法加密

通信传输安全应采用校验技术或密码技术保证通信过程中数据的完整性和保密性。CIM 平台可以利用国密算法在数据存储及数据传输中的应用保障通信传输安全。

国密算法是现代行业核心领域通用的密码算法，为进一步提升密码算法的可控性能，采用了实时数据加密处理的方法，有效降低了信息传输风险，增强了数据信息的安全性。

在进行数据传输时，及时采用动态密钥方式进行数据加密处理，并加强密钥、算法等体系的设计和研究，在多次现场实践的基础上，信息安全得到可靠保障。在信息传输中，国密算法作为主要技术支撑，通过借助信息隐藏理论构建信息安全管理框架，并对相应的数据信息有效分类，从而快速掌握关键技术。国密算法是信息隐藏传输的载体，以信息伪装的形式通过信道渠道将相应信息进行密钥处理，大大提升了数据信息的机密性。

1）国密算法类型

国密算法主要包括 SM2、SM3、SM4 等多种算法，相应人员在采用国密算法的环节，需全面掌握非对称加密算法 SM2、摘要算法 SM3、对称加密算法 SM4 等基础理论，SM2\SM3\SM4 是经过国家认定的国产密码算法，其工作任务是进行加密、解密、签名、验签、摘要等操作。

SM2 属于非对称加密算法类型，其公钥长度是 64 字节，私钥长度为 32 字节，是一种基于椭圆曲线理论实现的非对称算法，加密强度为 256 比特，目前在密钥体系中主要用于密钥交换；SM3 属于摘要算法类型，密钥长度不明确，对输入数据无要求，输出数据是固定长度（32 字节），在实际工作中主要对于给定长度位的信息再进行填充、迭代、选裁等处理，最终生成摘要值，加密强度为 256 比特，在信息传输中，为保证相应信息的完整性，将 SM3 加密算法进行广泛运用，确保工作信息不被篡改；SM4 属于对称加密算法类型，密钥长度为 16 字节，输出数据的长度为 16 字节的整数倍，加密强度为 128 比特，采用的是 32 轮非线性迭代结构，被广泛运用于数据信息加密操作中。

2）算法安全设计

（1）加密设计：采用多算法多层次加密，提高信息传输的安全性，提升信息加密强度，比如用户利用 SM4 算法和 SM2 算法完成码流文件信息的加密、解密、验证、存储等操作，验证成功后方可使用私钥进行签名。

（2）算法运用设计：在算法运用及数据加密处理中，使用预先存储的第一对密钥，码流信息加密时及时输入原文，借助密码卡快速输出密文，验证签名时，快速输出签名结果，在卡内进行运算，保证了整个加密、计算过程的保密性。

（3）密钥体系设计：在密钥体系设计中采用权限分散、多人共管的基本原则，对密钥体系进行有效分层，比如将密钥体系分为有效的系统根密钥、文件保护密钥、系统主密钥、用户证书密钥、通信会话密钥等多种类型，强化文件信息安全保护，在系统内将相应信息及时存储下来，同时进行及时加密处理，采用有效的通信会话密钥，加强信息传输过程保护，及时形成科学完善的密钥体系。

4. 网络安全审计

网络安全审计系统主要用于监视并记录网络中的各类操作，侦察系统中存在的现有威胁和潜在威胁，实时综合分析出网络中发生的安全事件，包括各种外部事件和内部事件。

在网络交换机处部署网络行为监控与审计系统，形成对出口处网络数据的流量监测并进行相应安全审计，同时和其他网络安全设备共同为集中安全管理提供监控数据，以用于分析及检测。

网络行为监控和审计系统将独立的网络传感器硬件组件连接到网络中的数据汇聚点设备上，对网络中的数据包进行分析、匹配、统计，通过特定的协议算法实现入侵检测、信息还原等网络审计功能，根据记录生成详细的审计报表。

5．网络设备防护

网络设备防护采用防病毒、防火墙、网络入侵检测、安全扫描等防护技术。

1）防病毒

防病毒除了需要安装杀毒软件，还需要及时更新软件，以获得最新、最及时的防护，并检测和删除最新威胁；及时监测到新型的间谍程序及病毒，阻止病毒、蠕虫、间谍软件、僵尸网络等，使系统免遭恶意软件的侵袭。

2）防火墙

防火墙作为一种将内部网和公众网（如互联网）分开的方法，它能限制被保护的网络与互联网或其他网络之间进行信息存取、传递的操作。防火墙可以作为不同网络或网络安全域之间信息的出入口，能根据相应安全策略控制出入网络的信息流，并且本身具有较强的抗攻击能力。它是提供信息安全服务，实现网络和信息安全的基础设施。在逻辑上，防火墙是一个分离器，一个限制器，也是一个分析器，有效地监控了内部网和互联网之间的任何活动，保证了内部网的安全。CIM 平台采用防火墙的安全技术，包括包过滤技术、网络地址转换（NAT）技术、应用代理或代理服务器等，具体如下所示。

（1）包过滤技术是防火墙为系统提供安全保障的主要技术，它通过设备对进出网络的数据流进行有选择的控制与操作。包过滤技术通常在选择路由的同时对数据包进行过滤（通常是对从互联网到内部网的包进行过滤）。用户可以设定一系列的规则，指定允许哪些类型的数据包可以流入或流出内部网；哪些类型的数据包的传输应该被拦截。包过滤规则以 IP 包信息为基础，对 IP 包的源地址、IP 包的目的地址、封装协议(TCP/UDP/ICMP/IP Tunnel)、端口号等进行筛选。包过滤这个操作可以在路由器上进行，也可以在网桥，甚至在一个单独的主机上进行。

传统的包过滤只是与规则表进行匹配。防火墙的 IP 包过滤主要是根据一个有固定排序的规则链过滤，其中的每个规则都包含着 IP 地址、端口、传输方向、分包、协议等多项内容。同时，一般防火墙的包过滤技术的过滤规则是在启动时配置好的，只有系统管理员才可以修改，是静态存在的，称为静态规则；也可以采用基于连接状态的检查，将属于同一连接的所有包作为一个整体的数据流看待，通过规则表与连接状态表的共同配合进行检查。

（2）网络地址转换技术是一种用于把内部 IP 地址转换成临时的、外部的、注册的 IP 地址的技术。它允许具有私有 IP 地址的内部网访问外部网。它还意味着用户不需要为其网络中的每台机器都取得注册的 IP 地址。

在内部网通过安全网卡访问外部网时，将产生一个映射记录。系统将外出的源地址和源端口映射为一个伪装的地址和端口，让这个伪装的地址和端口通过非安全网卡与外部网连接，这样对外就隐藏了真实的内部网地址。在外部网通过非安全网卡访问内部网时，它并不知道内部网的连接情况，而只是通过一个开放的 IP 地址和端口来请求访问。防火墙根据预先定义好的映射规则来判断这个访问是否安全。当符合规则时，防火墙认为访问是安全的，可以接受访问请求，也可以将连接请求映射到不同的内部计算机中。当不符合规则时，防火墙认为该访问是不安全的，不能被接受，防火墙将屏蔽外部的连接请求。网络地址转换的过程对于用户来说是透明的，不需要用户进行设置，用户只要进行常规操作即可。

（3）应用代理或代理服务器是代理内部网用户与外部网服务器进行信息交换的程序。它将内部网用户的请求确认后送到外部网服务器，同时将外部网服务器的响应再回送给用户。这种技术被用在 Web 服务器上高速缓存信息，并且扮演 Web 客户和 Web 服务器之间的中介角色。它主要保存互联网上那些最常用和最近访问过的内容，为用户提供更快的访问速度，并且提高网络安全性。在 Web 上，代理服务器首先试图在本地寻找数据，如果没有，再到远程服务器上去查找；也可以通过建立代理服务器来允许在防火墙后面直接访问互联网。代理在服务器上打开一个套接字，并允许通过这个套接字与互联网通信。

如果防火墙系统本身被攻击者突破或迂回，对内部系统来说它就毫无意义。因此，保障防火墙自身的安全是实现系统安全的前提。一个防火墙要抵御黑客的攻击就必须具有严密的体系结构和安全的网络结构。

3）网络入侵检测

网络入侵是威胁计算机或网络安全机制（包括机密性、完整性、可用性）的行为。网络入侵可能是来自互联网的攻击者对系统的非法访问，也可能是系统的授权用户对未授权内容进行的非法访问。网络入侵检测就是对发生在计算机系统或网络上的事件进行监视并分析是否出现入侵的过程。

网络入侵检测系统（IDS）可以自动进行网络入侵监视和分析。网络入侵检测系统处于防火墙之后，对网络活动进行实时检测。许多情况下，由于可以记录和禁止网络活动，所以网络入侵检测系统被用作防火墙的延续。防火墙看起来好像可以满足系统管理员的一切需求，然而随着基于内部人员的攻击行为和产品自身问题的增多，用网络入侵检测系统在防火墙内部检测非法的活动正变得越来越必要。新的技术同样给防火墙带来了严重的威胁，这些破坏行为也是防火墙无法抵御的。网络入侵检测系统已经成为网络安全防护系统的三大重要组成部分之一。

4）安全扫描

安全扫描是一类重要的网络安全技术。安全扫描与防火墙、网络入侵检测系统互相配合，能够有效提高网络的安全性。通过对网络的扫描，网络管理员可以了解网络的安全配置和运行的应用服务，及时发现安全漏洞，客观评估网络风险等级。网络管理员可以根据扫描的结果填补及更正网络安全漏洞和系统中的错误配置，在黑客攻击前进行防范。如果说防火墙和网络监控系统是被动的防御手段，那么安全扫描就是一种主动的防范措施，可以有效避免黑客攻击行为，做到防患于未然。

安全扫描主要分为两类：网络安全扫描和主机安全扫描。网络安全扫描主要针对系统中不适合设置脆弱口令的对象，以及其他同安全规则抵触的对象进行检查；而主机安全扫描则是通过执行一些脚本文件模拟对系统进行攻击的行为，并记录系统的反应，从而发现其中的漏洞。

6. 通信安全保护

信息的完整性设计包括信息传输的完整性校验及信息存储的完整性校验。

对于信息传输和信息存储的完整性校验可以采用的技术包括校验码技术、消息鉴别码、密码校验函数、散列函数、数字签名等。对于信息传输的完整性校验应由传输加密系统完成。

应用层的通信保密性主要由应用系统保证。在通信双方建立连接之前，应用系统应利用密码技术进行会话初始化验证，并对通信过程中的敏感信息字段进行加密。

信息传输的通信保密性应由传输加密系统完成，可部署 VPN 系统保证远程数据传输的数据机密性。

7. 网络可信接入

为保证网络边界的完整性，不仅需要阻止非法外联行为，还要对非法接入进行监控与阻断，形成网络可信接入，共同维护边界完整性。通过部署终端安全管理系统可以实现这一目标。

通过网络准入控制，启用网络阻断方式（包括 ARP 干扰、802.1x 协议联动等），监测内部网中发生的外来主机非法接入、篡改 IP 地址、盗用 IP 地址等不法行为，由监测控制台进行告警。运用用户信息和主机信息匹配的方式实时发现接入主机的合法性，及时阻止 IP 地址的篡改和盗用行为，保证网络的边界完整性。具体操作如下。

1）在线主机监测

可以通过监听和主动探测等方式检测系统中所有在线的主机，并判别在线主机是否是经过系统授权认证的信任主机。

2）主机授权认证

可以通过检查在线主机是否安装客户端代理程序、防病毒程序等信息，进行网络的授权认证，只允许通过授权认证的主机使用网络资源。

3）非法主机网络阻断

对于探测到的非法主机，系统可以主动阻止其访问任何网络资源，从而保证非法主机不对网络产生影响，无法有意或无意地对网络攻击或窃密。

4）网络白名单策略管理

可生成默认的合法主机列表，根据是否安装安全管理客户端或是否执行安全策略，快速生成合法主机列表。同时，允许管理员设置白名单列表，允许白名单列表中的主机不安装客户端但仍然授予其使用网络的权限，并根据需要授予可以和其他授权认证过的主机通信的权限或允许和任意主机通信的权限。

5）IP 和 MAC 地址绑定管理

可以将终端的 IP 和 MAC 地址绑定，禁止用户修改自身的 IP 和 MAC 地址，并在用户试图更改 IP 和 MAC 地址时产生相应的报警信息。

8．可信验证

基于可信根对通信设备的系统引导程序、系统程序、重要配置参数和通信应用程序等进行可信验证，并在应用程序的关键执行环节进行动态可信验证，在检测到其可信性受到破坏后进行报警，并将验证结果形成审计记录。服务器端采用服务器加固系统，构建服务器可信运行环境。

5.4.4　政策制度保障

政策制度保障建设包括建立组织保障、人才保障、制度保障、资金保障、技术保障、安全保障等多方面的保障体系，确保 CIM 平台的建设与运维规范且有序进行。

5.4.4.1　组织保障

成立 CIM 工作小组。由局内成员部门、外部技术支持部门和技术合作团队共同参与平台建设和运维管理工作，构建 CIM 平台运维管理组织架构。坚持统一领导、统筹规划，由工作领导小组对 CIM 信息化工作集中统一领导。业务管理部门应高度参与 CIM 信息化建设工作，各业务管理部门可根据自身职责提出 CIM 平台信息化建设需求，并指导平台推广应用。

5.4.4.2　人才保障

加强信息技术和信息安全人才培养，建立一支高素质、高技术的信息化建设和安全运维核心人才队伍，提高相关人员的自动化和信息安全防御意识。举办不同层次、不同类型的 CIM 平台主题培训班或研讨会，采用案例教学、情景模拟、交流研讨、案例分析、对策研究等方式开展形式多样的培训工作，提高不同岗位的技术人员、业务人员、应急人员的技术、业务、管理能力，使其掌握信息化建设和信息安全应急处理的知识和技能，确保信息化建设工作有效进行。

5.4.4.3　制度保障

制度保障可分为平台建设制度、安全管理制度、运维管理制度三个方面，具体如下所示。

1. 平台建设制度

（1）建立数据汇集管理和共享服务相关制度，全面调查和梳理制定数据目录，编制数据管理与共享服务办法，明确数据生产、汇交的要求和负责单位，确保"一数一源"，保证数据的准确性和及时性；科学确定数据的保密安全等级和共享应用范围及服务方式，奠定数据共享的制度基础。

（2）建立 CIM 平台重要系统的应用管理规定，制定系统应用相关管理办法和实施细则，进一步推进信息公开与数据开放制度化。

（3）建立 CIM 平台建设与运行管理制度，提供标准支撑，保障系统的正常运行。编制平台运行管理办法，协调和明确平台参建各单位的工作任务、责任与权利；参与建设工作的各相关部门应根据本运行规则同步制定工作实施细则和内部运行制度，明确策划生成工作的责任处室及人员，明确账号管理权限、信息接收、审核研究、意见推送等工作的实施流程及细则，明确各个内部环节的时限，明确涉及人员的工作职责，形成规范化操作流程，第一时间响应 CIM 平台工作任务，及时推送单位意见，提升平台运行的规范化、权威性及运行效率。

2. 安全管理制度

安全管理制度在系统的安全保密与运行维护中占有非常重要的地位，任何安全保密与运维工作仅在技术上是做不到完全安全的，还需要建立一套科学、严密的安全保密管理体系，为系统提供制度上的保证，将由于内、外部的非法访问或恶意攻击造成的损失降到最低。从信息安全管理角度来看，需要编制系统的安全管理策略；从技术管理角度来看，需要编制统一的用户角色划分策略和一系列的管理规范；从资源管理角度来看，需要进行资源的统一配置和管理。

信息安全的保护不仅在于网络安全技术的使用，而且更重要的是在于编制相关制度来保证系统的维护和正常运行。建立中心涉密内网、业务网和云基础设施管理办法，确保网络资源、云基础设施资源的高效共享利用。相关的制度与办法包括权限分配制度、机房管理相关制度、病毒防范机制、信息发布监督机制、网络设施管理办法等。

根据安全保密防范体系中的各种安全保密技术所需的技术管理工作，设定安全保密管理的角色：系统管理员、安全管理员、系统审计员等。根据不同的职能定义不同角色的责任和权利，并编制相应的操作规范。

1）运行使用安全管理

系统建成后，在日常运行使用过程中定期对系统内安全保密设备的安全策略规则进行审核，对系统内安装软件进行集中管理，严禁用户私自安装。在系统需要变更时，根据系统规模、用户数量变化的情况进行风险评估，及时调整系统的保护策略。定期采用技术手段对系统的运行情况和用户操作行为进行安全保密法规、国家保密标准符合性方面的检查。同时根据系统的变化情况，及时更新系统文档资料，使之与实际状况保持一致。

2）平台开发安全管理

系统建成后，面向政府用户提供服务数据接口和功能接口，使用户能够方便地使用各类数据。但在使用系统时，应该从身份鉴别、访问控制和安全审计等方面进行安全保密功能的同步。

在开发、测试本平台阶段所使用的网络环境和设备将与系统实际运行环境和设备物理分离。测试、联调系统时，禁止使用实际涉密信息作为测试数据。

此外，对于平台后期维护管理制定明确的制度，并由专人对进入现场进行后期维护或升级的服务人员全程陪同，禁止将具有存储功能的自带设备接入系统。后期维护或升级服务人员访问系统操作时，需要对其权限进行限制，禁止其访问涉密信息。

3）异常事件安全管理

在平台建设结束后，按照应急响应的要求编制应急响应策略，进行评审和演练，筹备所需资源，并将预案分发给相关人员，并且在日常运营中对运行安全事件和泄密事件进行监测、报告和处理。如果遇到灾难性事故，由专人负责整个灾难现场和灾难恢复过程中的安全保密工作，并按照"数据保护"的要求妥善处理涉密介质和涉密设备，保护涉密数据的安全。此外，针对发生的异常事件进行综合分析，查找原因，从技术和管理两个方面加以改进。

3. 运维管理制度

确保运行维护工作正常、有序、高效进行，总结现有的运维管理经验，遵照国内外相关运维标准，结合目前的实际情况，统一编制运维管理制度和规范。通过定期和不定期的检查，促进各项制度规范的贯彻落实，实现各项工作的规范化管理。同时，随着 CIM 平台的不断发展，确保各项制度及时更新。制度体系内容要涵盖网络管理、系统和应用管理、安全管理、存储和备份管理、技术服务管理、人员管理及质量考核等。

5.4.4.4 资金保障

（1）将 CIM 平台建设经费纳入年度财政计划和预算，在专项资金中划拨支持基础数据采集加工、信息系统开发、数据分析、网络安全环境建设等相关信息化建设项目的资金，保障稳定的信息化资金投入渠道。

（2）将 CIM 平台运维管理和应急响应经费纳入年度财政计划和预算，划拨专项资金用于平台运维和预防信息安全突发事件。购置相应的应急设施，建立包含信息网络硬件、软件及应急救援设备等应急物资的应急物资库，保证应急响应技术装备及时更新，以确保应急响应工作顺利进行。

5.4.4.5 技术保障

（1）严格遵循当前主流的技术和相关标准规范（如 SOA 多层体系架构、大数据分布式存储技术、BIM 数据与 CIM 高效融合技术、多源异构数据融合技术、网络安全认证技术等相关核心技术），并运用中台技术和区块链技术为 CIM 平台远期深化、扩展建设提供强有力的技术保障。

（2）加强技术学习与研究。工作小组定期或不定期组织有关专家和科研力量开展主流技术及新兴技术的交流学习讲座，提升工作小组技术水平；在运维管理方面进行应急运作机制、应急处理技术、预警和控制等研究，建立智慧运维管理的技术平台，进一步提升工作小组的运维服务能力，从技术上逐步实现发现、预警、通报、处置、总结等多个环节和不同网络、系统、部门之间应急处理的联动机制。

5.4.4.6 安全保障

（1）严格遵循国家相关网络安全保护基本要求。CIM 平台安全体系应严格遵循安全等级保护三级相关要求开展设计，在物理环境安全、安全通信网络、安全区域边界、安全计算环境、CIM 数据安全等方面提供全面的安全保障。采用区块链技术，加强可靠通信、数据完整性保护、网络基础设施保护等安全防护，抵抗 DDoS 攻击，建立安全保障体系。

（2）积极响应国家相关政策要求。在基础硬件设施（如服务器、交换机）、底层软件（如操作系统、数据库）、应用软件、产品安全四个层面逐步实现设施国产化替代，为 CIM 平台提供安全可靠的信息支撑。

5.5　标准体系

　　标准体系指的是在一定范围内的标准按其内在联系形成的科学有机整体，标准体系的构建既是标准化的地基建设工作，又是标准化的顶层设计工作，能够支撑和引领相关标准化工作的开展。

5.5.1　标准体系研究方法

5.5.1.1　UML 建模

　　统一建模语言（Unified Modeling Language，UML）是一种用形式化系统表达概念模式的语言，可对共享相同属性、操作、方法、关系、行为和约束条件的一系列对象进行描述，有利于界定标准体系的范围，理解不同标准之间的关系。通过 UML 使用聚合、依赖、关联关系描述，不仅界定了标准体系框架的层次结构，还通过 UML 关联、泛化、聚合、依赖关系，形象描述了每大类层次结构和标准间的关系，以此验证体系的科学性，避免出现重复、交叉、矛盾等问题[30]。

　　UML 是一种通用的图形化建模语言，源于软件工程领域，其易于表达、功能强大且适用范围广。ISO 地理信息技术委员会借鉴软件工程的理念和方法，将 UML 确定为其标准的概念模式语言，规划和构建了国际地理信息标准参考模型及一系列标准，并取得了较好成果。UML 是对共享相同属性、操作、方法、关系、行为和约束等一系列对象的描述。它包含名称、组属性、系列操作和各种约束条件，可参与多个关联。利用 UML 语言使用聚合、依赖、关联关系描述，不仅能够界定标准体系框架的层次结构，还通过 UML 关联、泛化、聚合、依赖关系形象描述每大类层次结构和标准间关系，以此验证体系的科学性，避免出现重复、交叉、小类相互矛盾等问题，同时也能更好地引导用户对标准体系及相关标准的理解和使用。

　　UML 建模在 CIM 标准体系编制过程中起到了至关重要的作用，利用"包和类"的概念可以界定标准体系涉及的内容和范围，厘清体系框架的逻辑结构和层次，将标准体系总体分为基础、通用和专用三大类，使用"依赖""组合"等符号描述基础类和通用类为专用类的依赖类，工建专题类和其他专题类还依赖除了基础类、通用类的其他类，各大类由若干个小类组合形成，涵盖多个标准。

5.5.1.2　MOF 方法

对象管理组织（Object Management Group，OMG）提出的元对象工具（Meta Object Facility，MOF）方法可有效用于组织具有开放性、扩展性和互操作性的模型体系。MOF 方法建模规范的核心是提供一种可扩展的元数据管理方式，通过递归将语义应用到不同层次上，从而完成语义的定义。MOF 方法的分层元数据结构是一种典型的四层建模结构，分别为 M0、M1、M2、M3。MOF 方法建模如图 5-5 所示。

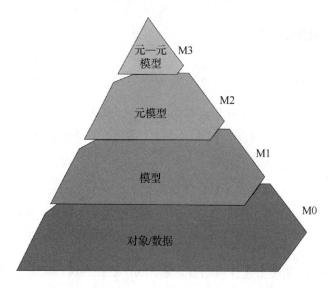

图 5-5　MOF 方法建模

从 MOF 方法的建模方式和各层次之间的内在联系特征来看，其逻辑关系包括两种：一是中上层模型对下层模型的关系是定义与约束的关系；二是下层模型对上层模型是继承和包含的子集关系。MOF 方法的思维模式与标准体系不谋而合，M0 至 M3 的分层描述正好对应标准体系从个性标准提取一般技术要求作为上一层共性标准的构建原则，标准体系的中上层标准对下层标准起到获取共同理解的作用，下层标准需在中上层标准的描述及规范下才能发挥完整的效力。

其中，M3 为元—元模型层，用于定义元模型的构造集合，包含类、属性、关联等；M2 为元模型层，其是 MOF 方法生成的实例，定义了模型的语言；M1 为模型层，其是 M2 层的实例，定义了某一信息域的语言，表现为可操作的具体的类；M0 为对象/数据层，其是 M1 层的实例，定义了特定信息域的值。

5.5.2 相关标准体系借鉴

1. 智慧城市标准体系

国家标准化组织（International Organization for Standardization，ISO）、国际电工委员会（International Electrotechnical Commission，IEC）和国际电信联盟电信标准分局（ITU Telecomm Unication Standardization Sector，ITU-T）等国际标准化机构引领了全球智慧城市标准体系的发展方向。它们积极推动智慧城市标准化工作，并且出台了一系列智慧城市相关的管理体系要求、指南和标准。

ISO 智慧城市标准主要从概念模型、信息技术、可持续的城市和社区、智慧社区基础设施等方面进行规定（见图 5-6）。

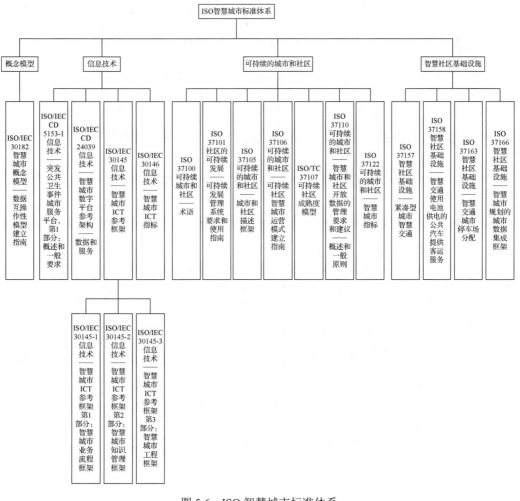

图 5-6　ISO 智慧城市标准体系

我国标准化相关机构紧跟时代发展需要，正在积极开展智慧城市标准体系研究和关键标准的研究。2013 年，全国信息技术标准化技术委员会 SOA 分技术委员会（筹）发布了《我国智慧城市标准体系研究报告（草案）》，定义了智慧城市标准体系（见图 5-7）。

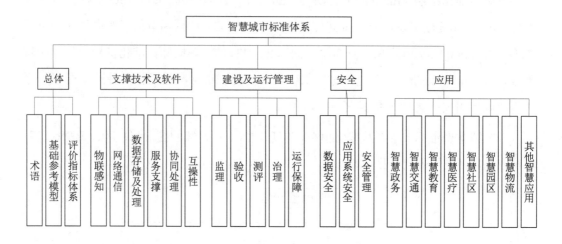

图 5-7　智慧城市标准体系（SOA）[11]

2013 年，全国智能建筑及居住区数字化标准化技术委员会（Standardization Administration of China/Technical Committee 426，SAC/TC 426）发布了《中国智慧城市标准体系研究》，建立了智慧城市标准体系（见图 5-8）。

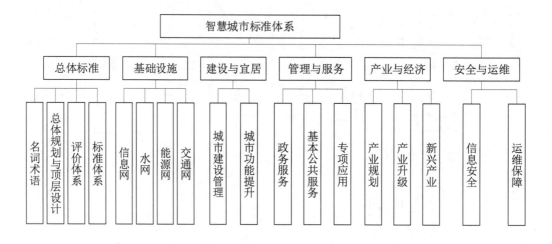

图 5-8　智慧城市标准体系（SAC/TC 426）[12]

2．BIM 标准体系

BIM 标准及标准体系的构建，使该行业能够跨越项目和国界进行合作，为建筑全生命周期的信息资源共享和业务协作提供了有力保障。

BIM 技术在应用开发过程中的标准体系主要由 ISO 16739 IFC(Industry Foundation Classes)工业基础类—计算机存储标准、ISO 29481 IDM (Information Delivery Manual)信息交付导则—交付标准和 ISO 12006 IFD(International Framework for Dictionaries)国际语义框架—分类和编码标准组成（见图 5-9）。

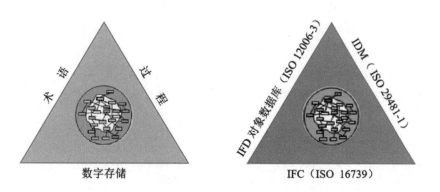

图 5-9　BIM 技术在应用开发过程中的标准体系

IFC 由 building SMART 提出，目的是使所有参与者无论使用哪种软件应用程序，都可在构建整个工程项目全生命周期的过程中共享信息。IFC 作为一种机器可读、高质量的数据，采用 EXPRESS 语言作为数据描述语言，数据文件格式的默认扩展名为 STEP 和 XML，是目前国际通用的 BIM 数据标准，涵盖了在建筑领域从设计到施工及后期维护所有需要的属性，为 BIM 信息通用提供了基础。IFC 的技术架构由四个概念层次组成（见图 5-10），各层次之间有严格的调用关系，一个类型可以引用同层次或低层次的类型，不能引用高层次的类型，每个概念层次定义一系列模型模块。第一概念层次为资源层，提供各种资源，可被高层次类型调用；第二概念层次为核心层，提供建筑工程核心数据模型，包括一个核心模块和几个核心扩展模块；第三概念层次为协同层，提供了一系列模块，定义了跨多个专业领域或 AEC 工业领域的共同概念或对象；第四概念层次为专业领域层，是 IFC 信息模型的最高层次，可以为特定 AEC 工业领域或应用类型定制一系列模块。

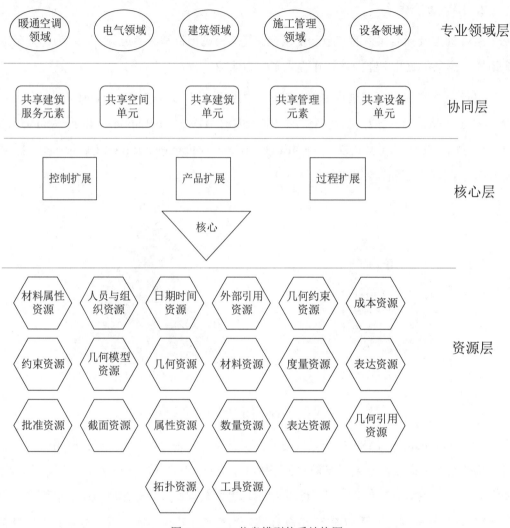

图 5-10　IFC 信息模型体系结构图

在实际应用过程中，由于建筑工程的复杂性，基于 IFC 的信息分享工具需要能够安全可靠地交互数据信息，而 IFC 并未定义不同项目阶段中不同项目角色和软件之间特定的信息需求，兼容 IFC 的软件解决方案的执行缺乏特定的信息需求定义，软件系统无法保证交互数据的完整性与协调性，IDM 便应运而生。IDM 针对全生命周期某一特定阶段的信息需求标准化，并将需求提供给软件商，与公开的数据标准（IFC）映射，最终形成解决方案，这将使 IFC 真正得到落实，并使得交互性真正能够实现并创造价值。IDM 的组成部件包括流程图、交换需求、功能部件、商业规则四部分，每个组成部件为架构中的一层（见图 5-11）。

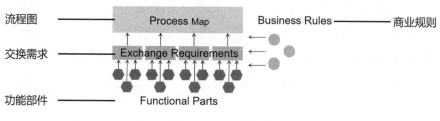

图 5-11　IDM 组成图

3．测绘地理信息标准体系

国际测绘地理信息标准的最高标准一般为推荐性标准，适用于全球各国，主要有两类：一类是信息（或内容）标准，另一类是技术（或接口 API）标准。信息标准规定定位所需的数字编码，对地球表面的自然要素、人工要素、行政区划、选取区、天气系统、人口分布和种族划分等内在信息、隐含信息及瞬态信息进行描述；技术标准则规定了不同系统和服务如何借助标准接口实现协同工作。国际上负责制定测绘地理信息标准的组织有国际标准化组织/地理信息技术委员会（ISO/TC 211）、开放式测绘地理信息联盟（Open Geospatial Consortium，OGC）。

ISO/TC 211 提倡用现有的数字信息技术标准与地理相关方面的应用进行集成，建立结构化的参考模型，对地理数据集和地理信息服务从底层内容上实现标准化，其编制发布的标准体系主要规范了地理信息数据的获取、处理、表达、分析、访问、管理，以及不同用户、不同系统和不同位置之间的信息传输方法，是国际上地理信息的通用标准（见图 5-12）。

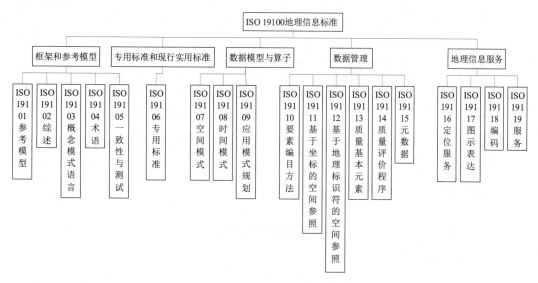

图 5-12　ISO 19100 地理信息标准

OGC 制定标准的路线和目标主要是在应用服务方面使地理信息与主流 IT 集成应用。OGC 目前公布的标准约有 30 项，分为基本规范和执行规范，其中基本规范是 Open GIS 的基本构架或参考模型方面的规范。OGC 基本规范的关系如图 5-13 所示。

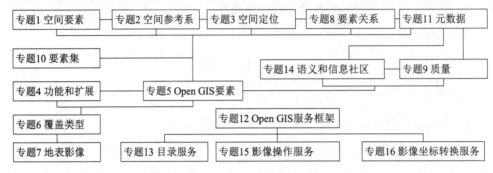

图 5-13　OGC 基本规范的关系[23]

我国于 2009 年发布了第一版《测绘标准体系》，2017 年根据测绘事业转型、升级和发展对标准化的需求，有关部门在第一版基础上进一步补充和完善，形成了第二版，即《测绘标准体系（2017 修订版）》。测绘标准体系如图 5-14 所示。

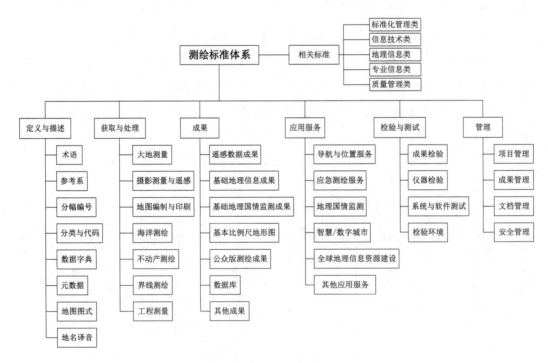

图 5-14　测绘标准体系[6]

4. 标准体系对比分析

CIM 技术要素不仅覆盖新型测绘、地理信息、语义建模、模拟仿真、智能控制、深度学习、协同计算、虚拟现实等多技术门类，而且对物联网、人工智能、边缘计算等技术赋予了新的要求，多技术集成创新需求更加旺盛，因此需要更细致的标准体系来组织数据、业务逻辑等内容，CIM 标准体系可以参考智慧城市标准体系，但智慧城市标准体系仅可作为大纲性指导。

CIM 的概念比 BIM 更大，涉及范围更广，从建筑扩展到城区，扩展到整个城市，甚至扩展到一个地区，其建模对象的描述能力是城市级的，需容纳覆盖空间和时间维度且具有多时态、多类型、多粒度级别、多来源等特点的信息，并通过信息的组织、模拟、分析和表达，将城市中所有的建筑、部件、事件、数据整合起来，促使城市从单体建筑走向全系统运行管理。BIM 标准体系仅关注建筑信息，CIM 标准体系则需关注更多更复杂的城市信息。

CIM 标准体系与测绘地理信息标准体系在标准化对象及所关注的核心上有着本质的差异。传统测绘地理信息标准体系的标准化对象是二维的地理空间信息数据及其应用，而 CIM 面向的是三维数据及这些数据在三维城市空间的互动；测绘地理信息标准体系关注的核心在于地理信息数据本身，而 CIM 标准体系则站在顶层设计的高度，从业务出发，强调数据的应用场景，如城市设计、工程项目建设、城市运行与维护等。

CIM 与智慧城市、BIM 及测绘地理信息有着高度相关性，但不同的标准体系之间侧重点不同，必然存在差异。通过分析对比，CIM 标准体系的研究应以 CIM 为核心，依据建设智慧城市基础性平台工作对标准化的需求，梳理及分析现行国家标准、行业标准和地方标准，明确 CIM 相关标准组成及结构，厘清标准间的相互作用关系，编制形成一套较为完整的，用以保障 CIM 建设内容的，规范统一的标准体系，体系内各标准按照内在联系形成一个有机整体，减少重复建设及资源浪费，提高投入产出效益，提高跨领域合作水平，加快智慧城市建设进程，推进城市精细化管理，促进我国产业转型升级、经济提质增效及社会治理创新。

5.5.3　CIM 标准体系设计

1. CIM 标准体系框架

利用 MOF 方法，参考 ISO 19101-1：2014《IDT 地理信息 参考模型 第 1 部分：基础》和 ISO/IEC 30145-3：2020《信息技术 智慧城市 ICT 参考框架 第 3 部分：智慧城市工程框架》，从顶层设计的角度出发，梳理标准体系涉及的 CIM 概念及其相关关系，兼顾 CIM 标准化现状及相关领域发展对 CIM 的需求，充分考虑标准间的内在联系特征，将标准体系分为专用层、通用层和基础层三个层次（见图5-15）。

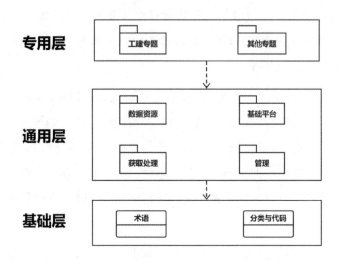

图5-15　标准体系框架

2.　CIM标准体系

借鉴智慧城市、建筑信息模型、测绘地理信息标准体系的思路，利用UML调整CIM标准体系框架的逻辑结构和分级，纳入CIM特色需求，梳理标准体系相关的国家、行业及地方标准，以实际需求为准，整理待发行的标准。CIM标准体系框架UML图如图5-16所示，该体系框架由基础类、通用类、专用类三大类组成，分别对应基础层、通用层和专用层，共计3大类6中类39小类。其中，基础类为基础性、公共性描述，适用范围广，用来确保研究人员对共用部分的理解一致，是标准体系中的基础标准集合。通用类是针对支撑技术、公共服务、管理保障等通用技术的描述，旨在规范CIM技术服务于智慧城市建设过程中产生的各种项目行为。通用类下设的数据资源类和获取处理类涵盖时空基础数据、资源调查数据、规划管控数据、公共专题数据等相关数据的采集、内容表达、治理和建库方式，是标准体系的核心标准，可约束生产成果；基础平台类规范CIM基础平台的平台建设、服务、交换与共享等内容，并对CIM基础平台的推广应用提出建议方案；管理类以成果管理、网络与设备管理、安全管理等为研究对象，是为确保CIM相关管理工作顺利实施而制定的标准。专用类主要从CIM项目实际出发，包含两大重点政务应用实践，工建专题类为工程建设项目审批提质增效，规范工程建设项目各阶段电子数据的交付要求、审查范围和审查流程；其他专题类下设的分类涵盖规划、自然资源、住房、建设、交通、水务、医疗卫生、应急指挥及城市管理等行业，为保障基于CIM基础平台设计、开发各行业应用而制定相关标准。

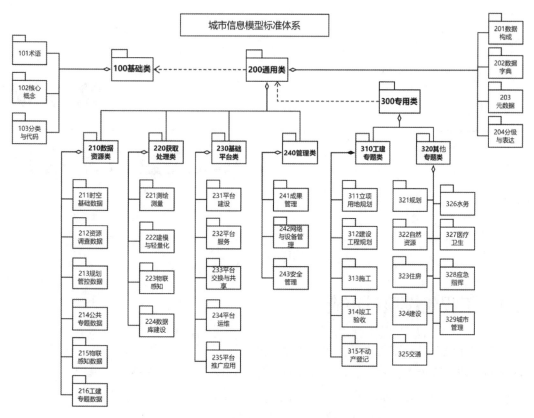

图 5-16　CIM 标准体系框架 UML 图

通过 UML 可以界定 CIM 标准体系的层次结构，厘清每一类及标准间的相互关系。其中，通用类依赖于基础类；专用类不但依赖于基础类，而且依赖于通用类，需要数据资源类、获取处理类等类的标准提供数据与平台功能，以及成果管理等内容的支撑。

第 6 章

CIM 典型应用设计

6.1 工程建设项目审查

工程建设项目审查包含项目在立项用地规划许可、建设工程规划许可、施工许可和竣工验收四个阶段的技术审查，工程建设项目审查业务流程如图 6-1 所示。

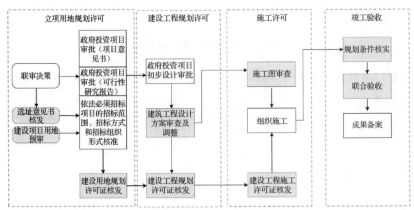

图 6-1 工程建设项目审查业务流程

6.1.1 立项用地规划许可报批审查

1. 业务流程

在技术审查环节，CIM 基于"多规合一"平台相关系统获取规划信息与现状信息进行项目选址分析与项目红线划定，进行合规性检测，辅助核发"建设项目用地预审与选址意见书"，同时自动生成项目规划条件，辅助核发"建设用地规划许可证"。用地规划许可信息接入城市 CIM 基础平台，立项用地规划报批审查业务流程如图 6-2 所示。

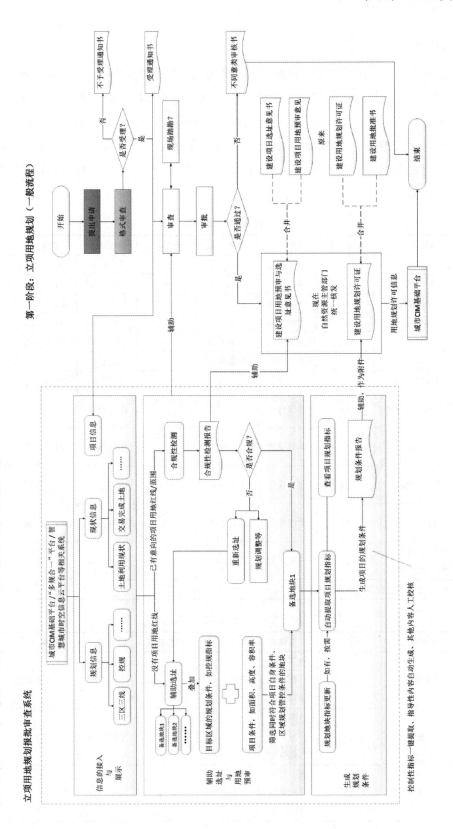

图 6-2 立项用地规划报批审查业务流程

2. 审查指标

立项用地规划许可阶段的建设用地规划管控数据包括用地规划管控指标数据和专项管控要素数据。其中，用地规划管控指标数据包括建设用地管控指标（见表6-1）和地下空间开发利用指标（见表6-2）；专项管控要素数据包括城市设计管控要素（见表6-3）、历史文化保护对象管控要素（见表6-4）、综合道路交通指标（见表6-5～表6-7）、公共服务及市政公用设施指标（见表6-8）、市政管线（管廊）指标（见表6-9）和海绵城市指标（见表6-10）。

表6-1　建设用地管控指标表

序号	指标项	计量单位	审查依据	审查方式	审查要求	指标约束	约束条件
1	地块编号	—	详细规划	自动审查	相等	刚性指标	M（必选）
2	用地性质	—	详细规划	自动审查	—	刚性指标	M（必选）
3	总用地面积	m²	详细规划	自动审查	—	刚性指标	M（必选）
4	可建设用地面积	m²	详细规划	自动审查	相等	刚性指标	O（可选）
5	绿地用地面积	m²	详细规划	自动审查	—	弹性指标	C（条件必选）
6	水域面积	m²	详细规划	自动审查	—	弹性指标	C（条件必选）
7	城市道路用地面积	m²	详细规划	自动审查	—	弹性指标	C（条件必选）
8	计算容积率总面积	m²	详细规划	自动审查	上/下限/值区间	刚性指标	M（必选）
9	容积率	—	详细规划	自动审查	上/下限/值区间	刚性指标	M（必选）
10	建筑密度	%	详细规划	自动审查	上/下限/值区间	刚性指标	M（必选）
11	绿地率	%	详细规划	自动审查	上/下限/值区间	刚性指标	M（必选）
12	（一线/二线）建筑控制高度	m	详细规划	自动审查	上/下限/值区间	刚性指标	M（必选）

注：水域面积指河流水面面积或自然水域面积

表6-2　地下空间开发利用指标表

序号	指标项	计量单位	审查依据	审查方式	审查要求	指标约束	约束条件
1	地下容积率	—	地下空间开发利用专项规划	自动审查	上限/值区间	刚性指标	C（条件必选）
2	地下计容建筑面积	m²	地下空间开发利用专项规划	自动审查	上限/值区间	刚性指标	C（条件必选）
3	竖向高程（顶部）	m	地下空间开发利用专项规划	自动审查	相等	刚性指标	C（条件必选）

续表

序号	指标项	计量单位	审查依据	审查方式	审查要求	指标约束	约束条件
4	竖向高程（底部）	m	地下空间开发利用专项规划	自动审查	相等	刚性指标	C（条件必选）

注：1. 地下容积率指建设项目地块的地下总建筑面积和用地面积的比值。
　　2. 地下计容建筑面积是指建设项目地块内地下所有计算容积率的建筑面积之和

表 6-3　城市设计管控要素

序号	指标项	计量单位	审查依据	审查方式	审查要求	指标约束	约束条件
1	地块编号	—	城市设计	自动审查	相等	刚性指标	M（必选）
2	用地性质	—	城市设计	自动审查	相等	刚性指标	M（必选）
3	城市设计名称	—	城市设计	辅助审查	—	—	M（必选）
4	公共开敞空间用地面积	m²	城市设计	辅助审查	—	弹性指标	C（条件必选）
5	公共开敞空间管控要求	—	城市设计	辅助审查	—	—	C（条件必选）
6	地上建筑管控高度（高值）	m	城市设计	自动审查	上限	刚性指标	C（条件必选）
7	地上建筑管控高度（低值）	m	城市设计	自动审查	下限	刚性指标	C（条件必选）
8	高度细分管控弹性	—	城市设计	辅助审查	—	—	O（可选）
9	地上建筑高度细分控制要求	—	城市设计	辅助审查	—	—	C（条件必选）
10	地下空间可建层数	—	城市设计	辅助审查	—	弹性指标	C（条件必选）
11	地下空间可建计容面积	m²	城市设计	自动审查	上限/值区间	刚性指标	C（条件必选）
12	地下空间管控高度（高值）	m	城市设计	自动审查	上限	刚性指标	C（条件必选）
13	地下空间管控高度（低值）	m	城市设计	自动审查	下限	刚性指标	C（条件必选）
14	地下空间控制要求	—	城市设计	辅助审查	—	—	O（可选）
15	空间形态	—	城市设计	辅助审查	—	弹性指标	O（可选）
16	景观风貌	—	城市设计	辅助审查	—	弹性指标	O（可选）

表 6-4　历史文化保护对象管控要素

序号	指标项	计量单位	审查依据	审查方式	审查要求	指标约束	约束条件
1	地块编号	—	历史文化保护规划	自动审查	相等	刚性指标	M（必选）
2	用地性质	—	历史文化保护规划	自动审查	相等	刚性指标	M（必选）

序号	指标项	计量单位	审查依据	审查方式	审查要求	指标约束	约束条件
3	保护对象类型	—	历史文化保护规划	辅助审查	—	—	M（必选）
4	保护范围类型	—	历史文化保护规划	辅助审查	—	—	M（必选）
5	保护范围	m²	历史文化保护规划	辅助审查	值区间	刚性指标	M（必选）
6	保护对象高度	m	历史文化保护规划	自动审查	上限	刚性指标	C（条件必选）
7	保护等级	—	历史文化保护规划	辅助审查	—	—	M（必选）
8	风貌管控要求	—	历史文化保护规划	辅助审查	—	弹性指标	O（可选）
9	限高管控要求	m	历史文化保护规划	辅助审查	上限	刚性指标	O（可选）
10	其他管控要求	—	历史文化保护规划	辅助审查	—	弹性指标	O（可选）

表6-5　道路交通指标表

序号	指标项	计量单位	审查依据	审查方式	审查要求	指标约束	约束条件
1	道路类型代码	—	道路交通专项规划	辅助审查	—	—	M（必选）
2	道路等级	—	道路交通专项规划	辅助审查	—	—	C（条件必选）
3	道路宽度	m	道路交通专项规划	辅助审查	相等	刚性指标	M（必选）
4	道路长度	m	道路交通专项规划	辅助审查	—	—	C（条件必选）
5	竖向标高	m	道路交通专项规划	自动审查	相等	刚性指标	M（必选）

表6-6　轨道交通指标表

序号	指标项	计量单位	审查依据	审查方式	审查要求	指标约束	约束条件
1	轨道编号	—	轨道交通专项规划	辅助审查	—	—	M（必选）
2	轨道类型	—	轨道交通专项规划	辅助审查	—	—	C（条件必选）
3	竖向标高	m	轨道交通专项规划	自动审查	相等	刚性指标	M（必选）

表 6-7　交通场站指标表

序号	指标项	计量单位	审查依据	审查方式	审查要求	指标约束	约束条件
1	交通场站类型代码	—	交通场站专项规划	辅助审查	—	—	M（必选）
2	用地面积	m²	交通场站专项规划	自动审查	相等	刚性指标	M（必选）
3	总建筑（建设面积）	m²	交通场站专项规划	自动审查	上限	刚性指标	M（必选）
4	站场级别	—	交通场站专项规划	辅助审查	—	—	C（条件必选）
5	服务范围半径	m	交通场站专项规划	辅助审查	下限	—	C（条件必选）

表 6-8　公共服务及市政公用设施指标表

序号	指标项	计量单位	审查依据	审查方式	审查要求	指标约束	约束条件
1	地块编号	—	公共服务及市政公用设施专项规划	自动审查	相等	刚性指标	M（必选）
2	用地性质	—	公共服务及市政公用设施专项规划	自动审查	相等	刚性指标	M（必选）
3	用地面积	m²	公共服务及市政公用设施专项规划	自动审查	相等	刚性指标	M（必选）
4	建筑面积	m²	公共服务及市政公用设施专项规划	自动审查	上限	弹性指标	C（条件必选）
5	设施数量	—	公共服务及市政公用设施专项规划	辅助审查	上/下限	—	C（条件必选）
6	设施类型	—	公共服务及市政公用设施专项规划	辅助审查	—	—	C（条件必选）
7	设施类型代码	—	公共服务及市政公用设施专项规划	辅助审查	—	—	C（条件必选）

表 6-9　市政管线（管廊）指标表

序号	指标项	计量单位	审查依据	审查方式	审查要求	指标约束	约束条件
1	类型	—	—	辅助审查	—	—	C（条件必选）
2	管线（管廊）长度	m	—	辅助审查	—	—	C（条件必选）

续表

序号	指标项	计量单位	审查依据	审查方式	审查要求	指标约束	约束条件
3	管线数量	—	—	辅助审查	—	—	C（条件必选）
4	竖向控制	m	相关国家规划规范	辅助审查	下限	刚性指标	C（条件必选）
5	管径	m	—	辅助审查	—	—	C（条件必选）
6	最小水平净距	m	相关国家规划规范	辅助审查	下限	刚性指标	C（条件必选）
7	最小垂直净距	m	相关国家规划规范	辅助审查	下限	刚性指标	C（条件必选）
8	管线（管廊）设施数量	—	—	辅助审查	—	—	O（可选）
9	横断面尺寸	—	—	辅助审查	—	—	O（可选）

表6-10　海绵城市指标表

序号	指标项	计量单位	审查依据	审查方式	审查要求	指标约束	约束条件
1	年径流总量控制率	%	海绵城市	辅助审查	下限	—	O（可选）

3. 主要功能

（1）项目选址分析：项目选址分析提供分析规则配置、智能选址分析、多方案联动展示、分析报告生成等功能。其通过自定义项目选址要求和自动化分析功能，为项目选址提供方案；支持项目选址分析规则；支持自定义选取空间范围、用地面积和用地类型等项目选址要求进行智能选址；支持图文联动展示各选址方案的优劣；支持项目选址分析报告的生成和导出。

（2）规划条件分析：规划条件包括用地性质、用地面积、容积率、建筑密度、建筑限高、退线和绿地率等。在"多审合一、多证合一"改革应用场景中，规划条件分析可以提供规划条件智能提取、规划条件查询、规划条件共享等功能，从源头实现便民利民、优化营商环境、降低制度性交易成本，同时切实减少行政资源浪费。

（3）合规性审查：对城市总体规划中的"三区"情况、"四线"情况、"中心城区用地规划图"情况进行审查并出图示意。合规性审查除总规审查外还包括土地利用总体规划检测、详细规划检测、征收储备工作核查意见、土地利用现状情况检测和规划符合性审查建议。在现有的合规性检测功能上增加三维视图。

（4）证件核发：完成用地合规性审查后，由相关部门填写意见，生成并核发"建设项目用地预审与选址意见书"，且在平台留档。

6.1.2　建筑设计方案审查

1. 业务流程

该阶段主要包含设计方案自检、格式审查和技术审查。在技术审查环节接入和展示方案/项目信息，进行方案和城市/周边环境的协调性、合规性审查，以及方案自身的合规性审查，出具审查报告，辅助核发"建设工程规划许可证"，相关数据信息接入城市 CIM 基础平台。建筑设计方案报建与审查业务流程示例如图 6-3 所示。

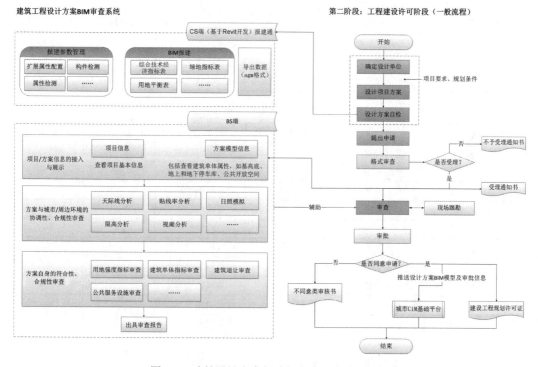

图 6-3　建筑设计方案报建与审查业务流程示例

2. 审查指标

以建筑工程为例，建筑设计方案审查的指标包括综合技术经济指标、建筑单体规划报批指标、绿地指标、停车场（库）指标、配套设施指标、建筑功能指标、建筑分层明细指标、海绵城市指标，具体如表 6-11～表 6-17 所示。

表 6-11　综合技术经济指标

序　号	指 标 项	计量单位	审 查 方 式	审 查 依 据	审 查 要 求
1	建设项目规划总用地面积	m² 或 ha	计算机自动审查	规划条件	相等
2	建设项目可建设用地面积	m² 或 ha	计算机自动审查	规划条件	相等
3	居住户（套）数	户（套）	计算机辅助审查	—	—
4	居住人口数	人	计算机辅助审查	—	—
5	建筑总面积	m²	计算机辅助审查	—	—

续表

序　号	指标项	计量单位	审查方式	审查依据	审查要求
6	地上建筑面积	m²	计算机辅助审查	—	—
7	地下建筑面积	m²	计算机辅助审查	—	—
8	计算容积率总面积	m²	计算机自动审查	规划条件	上限/值区间
9	不计算容积率总面积	m²	计算机辅助审查	—	—
10	住宅平均层数	层	计算机辅助审查	—	—
11	综合容积率	%	计算机自动审查	规划条件	上限/值区间
12	总建筑密度	%	计算机自动审查	规划条件	上限/值区间
13	绿地率	%	计算机自动审查	规划条件	下限/值区间
14	机动车停车位	个	计算机辅助审查		下限
15	非机动车停车面积	m²	计算机辅助审查		下限
16	最大建筑高度	m	计算机辅助审查	—	上限

表6-12　建筑单体规划报批指标汇总

序　号	指标项	计量单位	审查方式	审查依据	审查要求
1	建筑类型	—	计算机辅助审查	规划条件	相符
2	建筑基底	m²	计算机自动审查	规划条件	上限
3	地上层数	层	计算机辅助审查	—	—
4	地下层数	层	计算机辅助审查	—	—
5	建筑总面积	m²	计算机辅助审查	—	—
6	地上建筑面积	m²	计算机辅助审查	—	—
7	地下建筑面积	m²	计算机辅助审查	—	—
8	计算容积率总面积	m²	计算机自动审查	规划条件	上限
9	不计算容积率总面积	m²	计算机辅助审查	—	—
10	建筑状态	—	计算机辅助审查		
11	总户数	户	计算机辅助审查	—	—
12	建筑高度	m	计算机辅助审查	—	上限

表6-13　绿地指标

序　号	指标项	计量单位	审查方式	审查依据	审查要求
1	建设项目可建设用地面积	m²或ha	计算机自动审查	规划条件	相等
2	绿地总面积	m²	计算机自动审查	规划条件	下限/值区间
3	绿地类型面积	m²	计算机辅助审查	—	—
4	绿地率	%	计算机自动审查	规划条件	下限/值区间

表6-14　停车场（库）指标

序　号	指标项	计量单位	审查方式	审查依据	审查要求
1	停车场（库）类型	—	计算机辅助审查		—
2	地上机动车位数	个	计算机辅助审查		下限
3	地下机动车位数	个	计算机辅助审查		下限
4	地上机动车停车面积	m²	计算机辅助审查		—

续表

序 号	指 标 项	计 量 单 位	审 查 方 式	审 查 依 据	审 查 要 求
5	地下机动车停车面积	m²	计算机辅助审查	—	—
6	地上非机动车停车面积	m²	计算机辅助审查	—	下限
7	地下非机动车停车面积	m²	计算机辅助审查	—	下限

表 6-15 配套设施指标

序 号	指 标 项	计 量 单 位	审 查 方 式	审 查 依 据	审 查 要 求
1	设施名称	—	计算机自动审查	规划条件	相同
2	建筑面积	m²	计算机自动审查	规划条件	下限
3	用地面积	m²	计算机自动审查	规划条件	下限
4	所属建筑编号	—	计算机辅助审查	—	—
5	所属用地编号	—	计算机辅助审查	—	—

表 6-16 建筑功能指标

序 号	指 标 项	计 量 单 位	审 查 方 式	审 查 依 据	审 查 要 求
1	地上层数	层	计算机辅助审查	—	—
2	地下层数	层	计算机辅助审查	—	—
3	总建筑面积	m²	计算机辅助审查	—	—
4	地上建筑面积	m²	计算机辅助审查	—	—
5	地上功能建筑面积	m²	计算机辅助审查	—	—
6	地下建筑面积	m²	计算机辅助审查	—	—
7	地下功能建筑面积	m²	计算机辅助审查	—	—
8	计算容积率总面积	m²	计算机自动审查	规划条件	上限
9	不计算容积率总面积	m²	计算机辅助审查	—	—
10	功能建筑名称不计算容积率面积	m²	计算机辅助审查	—	—
11	机动车停车位	个	计算机辅助审查	—	下限
12	非机动车停车面积	m²	计算机辅助审查	—	下限
13	阳台面积	m²	计算机辅助审查	—	—
14	住宅户（套）数	户（套）	计算机辅助审查	—	—
15	建筑基底	m²	计算机自动审查	规划条件	上限

表 6-17 建筑分层明细指标

序 号	指 标 项	计 量 单 位	审 查 方 式	审 查 依 据	审 查 要 求
1	层数	层	计算机辅助审查	—	—
2	建筑功能名称	—	计算机辅助审查	—	—
3	建筑层高	m	计算机辅助审查	—	—
4	建筑面积	m²	计算机辅助审查	—	—
5	计算容积率面积	m²	计算机自动审查	规划条件	上限
6	机动车停车位	个	计算机辅助审查	—	—
7	非机动车停车面积	m²	计算机辅助审查	—	—

3. 主要功能

（1）模型检查与轻量化：平台提供模型的规范性检查功能，帮助工程建设单位和设计单位制作符合标准的规划报建 BIM，并提供模型轻量化工具对模型进行压缩，以小体积上传到平台。

（2）规则库管理：通过量化审查指标，构建审查规则库，提升工程建设项目机审能力。规则库管理模块提供指标计算规则、管控要求、审查规则配置、审查规则管理等功能。

（3）方案格式审查：项目方案模型的基点审查可以保证项目位置的准确性。方案格式审查具体包含项目基点检测、图形检测、窗地比查询、建筑退线检测、功能分区空间体块填充、建筑上下层投影识别、建筑高度偏移识别、错误标注功能等。

（4）方案技术审查：自动提取项目规划条件指标，实现规划条件指标的智能比对，应用平台提供的控高分析、退线分析、容积率计算、建筑高度分析、建筑密度分析等系列分析功能，进行 BIM 报建模型智能化审查，一键生成审查报告。

（5）设计方案比对：设计方案比对模块提供多方案比对、比对结果联动展示、比对报告生成等功能。

6.1.3 施工图审查

1. 业务流程

在施工许可阶段建立施工图三维数字化审查系统，就施工图审查中的部分刚性指标，依托施工图审查系统实现计算机机审，减少人工审查部分，实现快速机审与人工审查协同配合。基于智能化审查引擎，实现建筑、结构、给排水、暖通、电气、消防、人防、节能等专业和专项系统的智能化审查。

该阶段主要包含施工图 BIM 自审、施工图 BIM 上传、审查受理、二维图纸审查、三维数字化审查、核发图审合格证、颁发施工许可证。该阶段数据要接入城市 CIM 基础平台。施工图审查业务流程示例如图 6-4 所示。

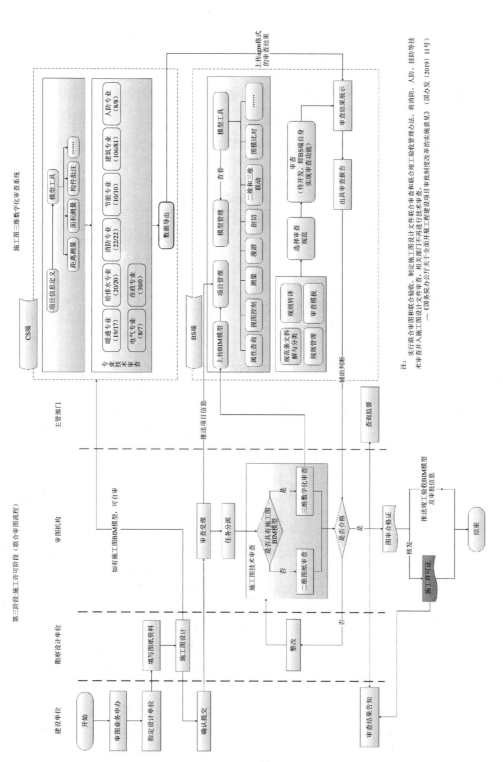

图 6-4 施工图审查业务流程示例

注: 实行联合图审和联合验收，制定施工图设计文件联合审查和竣工验收管理办法，将消防、人防、技防等技术审查纳入施工图设计文件审查，相关部门不再进行技术审查。
——《国务院办公厅关于全面开展工程建设项目审批制度改革的实施意见》（国办发（2019）11号）

2. 审查条文与规则

1）建筑专业

基于建筑专业的规范约定进行条文内容拆解与审查规则解析；基于规则检查采用机器审查模型的建筑部分是否符合条文要求，尤其是检查其是否满足强制性条文的要求。审查要点涵盖 GB 50096—2011《住宅设计规范》、GB 50368—2005《住宅建筑规范》、GB 50016—2014《建筑设计防火规范（2018 年版）》等，表 6-18 所示为部分规范审查条文解析示例。

表 6-18 部分规范审查条文解析示例

序号	规范审查条文	是否强条	条文内容拆解	解析出的规则
1	GB 50096—2011《住宅设计规范》6.6.3	是	7 层及 7 层以上住宅建筑入口平台宽度不应小于 2.00m，7 层以下住宅建筑入口平台宽度不应小于 1.50m	如果建筑类型为住宅，且建筑层数大于或等于 7 层，如果建筑含有入口，那么入口平台宽度应该大于或等于 2.00m；如果建筑层数小于 7 层，且建筑含有入口，那么入口平台宽度应该大于或等于 1.50m
2	GB 50368—2005《住宅建筑规范》5.1.1	是	每套住宅应设卧室、起居室（厅）、厨房和卫生间等基本空间	如果建筑类型为住宅，那么住宅应该有卧室、起居室（厅）、厨房和卫生间
3	GB 50368—2005《住宅建筑规范》5.1.2	是	厨房应设置炉灶、洗涤池、案台、排油烟机等设施或预留位置	如果房间的名称包含厨房，那么房间应该有炉灶、洗涤池、案台、排油烟机
4	GB 50368—2005《住宅建筑规范》5.1.5	是	外窗窗台距楼面、地面的净高低于 0.90m 时，应有防护设施。6 层及 6 层以下住宅的阳台栏杆净高不应低于 1.05m，7 层及 7 层以上住宅的阳台栏杆净高不应低于 1.10m。阳台栏杆应有防护措施。防护栏杆的垂直杆件间净距不应大于 0.11m	如果窗的名称包含"外窗"，且窗台标高小于 0.90m，那么窗台应该有防护措施。如果建筑层数小于或等于 6 层并且建筑类型为住宅，房间中包含阳台，那么阳台栏杆标高应该大于或等于 1.05m。如果建筑层数大于或等于 7 层并且建筑类型为住宅，房间中包含阳台，那么阳台栏杆标高应该大于或等于 1.10m。房间中包含阳台，阳台栏杆应有防护措施，阳台栏杆的垂直杆件间净距应该小于或等于 0.11m

续表

序号	规范审查条文	是否强条	条文内容拆解	解析出的规则
5	GB 50368—2005《住宅建筑规范》5.2.2	是	外廊、内天井及上人屋面等临空处栏杆净高：6 层及 6 层以下不应低于 1.05m；7 层及 7 层以上不应低于 1.10m。栏杆应防止攀登，垂直杆件间净距不应大于 0.11m	如果建筑类型为住宅，且建筑层数小于或等于 6 层，房间的名称包含外廊或内天井或上人屋面的，栏杆净高应该小于或等于 1.05m，栏杆的垂直杆件间净距应小于或等于 0.11m；如果建筑层数大于或等于 7 层，房间的名称包含外廊或内天井或上人屋面的，栏杆净高应该小于或等于 1.10m，栏杆的垂直杆件间净距应小于或等于 0.11m
6	GB 50368—2005《住宅建筑规范》5.2.3	是	楼梯梯段净宽不应小于 1.10m。6 层及 6 层以下住宅，一边设有栏杆的梯段净宽不应小于 1.00m。楼梯踏步宽度不应小于 0.26m，踏步高度不应大于 0.175m，扶手高度不应小于 0.90m。楼梯水平段栏杆长度大于 0.50m 时，其扶手高度不应小于 1.05m。楼梯栏杆垂直杆件间净距不应大于 0.11m。楼梯井净宽大于 0.11m 时，必须采取防止儿童攀滑的措施	如果建筑类型为住宅，且建筑层数小于或等于 6 层，获取楼梯，判断梯段净宽，判断含有栏杆的楼梯梯段净宽；获取楼梯，判断踏步宽度、踏步高度、扶手高度、楼梯栏杆垂直杆件间净距。当楼梯井净宽大于 0.11m 时，必须采取防止儿童攀滑的措施
7	GB 50368—2005《住宅建筑规范》5.2.5	是	7 层及 7 层以上的住宅或住户入口层楼面距室外设计地面的高度超过 16m 的住宅必须设置电梯	如果建筑类型为住宅，且建筑层数大于或等于 7 层或住户入口层的标高大于 16m，判断是否有电梯
8	GB 50368—2005《住宅建筑规范》9.8.3	是	12 层及 12 层以上的住宅应设置消防电梯	如果建筑类型为住宅，且建筑层数大于或等于 12 层，判断是否有消防电梯
9	GB 50016—2014《建筑设计防火规范（2018 年版）》5.1.1	否	民用建筑根据其建筑高度和层数可分为单、多层民用建筑和高层民用建筑。高层民用建筑根据其建筑高度、使用功能和楼层的建筑面积可分为一类和二类。民用建筑的分类应符合 GB 50016—2014 中的表 5.1.1 的规定	如果建筑类型不为工业建筑，判断建筑的建筑高度和层数是否满足单、多层民用建筑和高层民用建筑的条件；判断建筑的类型是否符合 GB 50016—2014 中的表 5.1.1 的规定

序号	规范审查条文	是否强条	条文内容拆解	解析出的规则
10	GB 50016—2014《建筑设计防火规范（2018年版）》5.1.2	否	民用建筑的耐火等级可分为一、二、三、四级。除了本规范另有规定，不同耐火等级建筑相应构件的燃烧性能和耐火极限不应低于 GB 50016—2014 中的表 5.1.2 的规定	如果建筑类型不为工业建筑，判断建筑的耐火等级分别为一、二、三、四级时是否符合 GB 50016—2014 中的表 5.1.2 的规定
11	GB 50016—2014《建筑设计防火规范（2018年版）》5.1.6	否	二级耐火等级建筑内采用难燃性墙体的房间隔墙，其耐火极限不应低于 0.75h；当房间的建筑面积不大于 100m² 时，房间隔墙可采用耐火极限不低于 0.5h 的难燃性墙体或耐火极限不低于 0.3h 的不燃性墙体。 二级耐火等级多层住宅建筑内采用预应力钢筋混凝土的楼板，其耐火极限不应低于 0.75h	如果建筑的耐火等级等于二级，判断房间隔墙的燃烧性能是否等于难燃，耐火极限是否符合要求。 如果房间的建筑面积小于或等于 100m²，判断房间隔墙的燃烧性能和耐火等级是否符合要求。 如果建筑类型等于多层建筑，判断楼板的耐火极限是否符合要求
12	GB 50016—2014《建筑设计防火规范（2018年版）》5.3.1A	否	独立建造的一、二级耐火等级老年人照料设施的建筑高度不宜大于 32m，不应大于 54m；独立建造的三级耐火等级老年人照料设施，不应超过 2 层	如果建筑类型为老年人照料设施，且建筑的耐火等级等于一级或二级，判断建筑高度是否符合要求。 如果建筑的耐火等级等于三级，判断建筑的层数是否符合要求
13	GB 50016—2014《建筑设计防火规范（2018年版）》5.4.4A	否	老年人照料设施宜独立设置。当老年人照料设施与其他建筑上、下组合时，老年人照料设施宜设置在建筑的下部，并应符合下列规定： （1）老年人照料设施部分的建筑层数、建筑高度或所在楼层位置的高度应符合本规范（GB 50016—2014）第 5.3.1A 条的规定； （2）老年人照料设施部分应与其他场所进行防火分隔，防火分隔应符合本规范（GB 50016—2014）第 6.2.2 条的规定	如果建筑类型为老年人照料设施且其与其他建筑上、下组合，老年人照料设施的建筑层数、建筑高度、建筑标高应该符合 GB 50016—2014 的第 5.3.1A 条的规定；老年人照料设施的隔墙应该符合 GB 50016—2014 的第 6.2.2 条的规定

续表

序号	规范审查条文	是否强条	条文内容拆解	解析出的规则
14	GB 50016—2014《建筑设计防火规范（2018 年版）》5.4.7	否	剧场、电影院、礼堂宜设置在独立的建筑内；采用三级耐火等级建筑时，不应超过 2 层；确需设置在其他民用建筑内时，至少应设置 1 个独立的安全出口和疏散楼梯，并应符合下列规定： （1）应采用耐火极限不低于 2.00h 的防火隔墙和甲级防火门与其他区域分隔。 （2）设置在一、二级耐火等级的建筑内时，观众厅宜布置在首层、2 层或 3 层；确需布置在 4 层及以上楼层时，一个厅、室的疏散门不应少于 2 个，且每个观众厅的建筑面积不宜大于 400m²。 （3）设置在三级耐火等级的建筑内时，不应布置在 3 层及以上楼层。 （4）设置在地下或半地下时，宜设置在地下 1 层，不应设置在地下 3 层及以下楼层。 （5）设置在高层建筑内时，应设置火灾自动报警系统及自动喷水灭火系统等自动灭火系统	如果建筑用于剧场或礼堂或电影院，判断建筑的层数是否大于 2 层并且建筑耐火等级是否等于三级。 如果建筑类型不为工业建筑，且建筑含有安全出口和疏散楼梯的个数大于或等于 1。判断建筑隔墙的耐火极限是否大于等于 2.00h，以及建筑的防火门是否为甲级。 如果建筑的耐火等级为一级或二级，且房间的名称包含观众厅的楼层大于或等于 4 层，房间的疏散个数应该大于或等于 2 个并且房间的建筑面积应该小于或等于 400m²。 如果建筑的耐火等级为三级，房间的层数应该小于或等于 3。 如果建筑的高层类型为地下或半地下，房间的层数应该小于 3。 如果建筑为高层建筑，判断是否有火灾自动报警系统及自动喷水灭火系统等自动灭火系统

2）暖通专业

基于暖通专业的规范约定进行条文内容拆解与审查规则解析；基于规则检查采用机器审查模型的暖通部分是否符合条文要求，尤其是强制性条文的要求。审查要点涵盖 GB 51251—2017《建筑防排烟系统技术标准》、GB 50067—2014《汽车库、修车库、停车场设计防火规范》、GB 50157—2013《地铁设计规范》等，表 6-19 所示为部分规范审查条文解析示例。

表6-19 部分规范审查条文解析示例

序号	规范审查条文	是否强条	条文内容拆解	解析出的规则
1	GB 51251—2017《建筑防排烟系统技术标准》3.1.2	是	建筑高度大于50m的公共建筑、工业建筑和建筑高度大于100m的住宅建筑，其防烟楼梯间、独立前室、共用前室、合用前室及消防电梯前室应采用机械加压送风系统	如果建筑高度大于50m且建筑类型等于公共建筑或建筑类型名称包含厂房或仓库，或者建筑高度大于100m并且建筑类型等于住宅建筑且其防烟楼梯间、独立前室、共用前室、合用前室及消防电梯前室是机械加压送风系统，则审查通过
2	GB 51251—2017《建筑防排烟系统技术标准》3.2.2	是	前室采用自然通风方式时，独立前室、消防电梯前室可开启外窗或开口的面积不应小于2.0m²，共用前室、合用前室则不应小于3.0m²	如果独立前室和消防电梯前室所有可开启外窗或开口面积大于等于2.0m²，或者共用前室与合用前室所有可开启外窗或开口面积大于等于3.0m²，则审查通过
3	GB 51251—2017《建筑防排烟系统技术标准》4.5.1	是	除地上建筑的走道或建筑面积小于500m²的房间外，设置排烟系统的场所应设置补风系统	如果除地上建筑的走道、建筑面积小于500m²的房间设置排烟系统及补风系统，则审查通过
4	GB 50067—2014《汽车库、修车库、停车场设计防火规范》8.2.1	是	除敞开式汽车库、建筑面积小于1 000m²的地下一层汽车库和修车库外，汽车库、修车库应设置排烟系统，并应划分防烟分区	如果是非敞开式汽车库并且汽车库面积大于等于1 000m²的地下停车库、修车库应设置排烟系统并且设置防烟分区，则审查通过
5	GB 50016—2014《建筑设计防火规范》8.1.9	否	设置在建筑内的防排烟风机应设置在不同的专用机房内，有关防火分隔措施应符合本规范（GB 50016—2014）第6.2.7条的规定	如果专用机房内包含防排烟风机并且防排烟风机大于等于1则审查通过
6	GB 50016—2014《建筑设计防火规范》9.3.11	是	通风、空气调节系统的风管在下列部位应设置公称动作温度为70℃的防火阀： （1）穿越防火分区处； （2）穿越通风、空气调节机房的房间隔墙和楼板处； （3）穿越重要或火灾危险性大的场所的房间隔墙和楼板处； （4）穿越防火分隔处的变形缝两侧； （5）竖向风管与每层水平风管交接处的水平管段上	如果通风、空气调节系统的风管在穿越防火分区处设置公称动作温度为70℃的防火阀；通风、空气调节系统的风管在穿越通风、空气调节机房的房间隔墙和楼板处设置公称动作温度为70℃的防火阀；通风、空气调节系统的风管在穿越重要或火灾危险性大的场所的房间隔墙和楼板处设置公称动作温度为70℃的防火阀；通风、空气调节系统的风管在穿越防火分区处的变形缝两侧设置公称动作温度为70℃的防火阀；如果通风、空气调节系统的风管在竖向风管与每层水平风管交接处的水平管段上设置公称动作温度为70℃的防火阀，则审查通过

序号	规范审查条文	是否强条	条文内容拆解	解析出的规则
7	GB 50016—2014《建筑设计防火规范》9.3.16	是	燃油或燃气锅炉房应设置自然通风或机械通风设施。燃气锅炉房应选用防爆型的事故排风机。当采取机械通风时，机械通风设施应设置导除静电的接地装置，通风量应符合下列规定：（1）燃油锅炉房的正常通风量应按换气次数不少于3次/h确定，事故排风量应按换气次数不少于6次/h确定；（2）燃气锅炉房的正常通风量应按换气次数不少于6次/h确定，事故排风量应按换气次数不少于12次/h确定	燃油、燃气锅炉房窗数不等于0。燃油锅炉房正常通风量换气次数大于等于3次/h，事故排风量换气次数不少于6次/h。燃气锅炉房机械通风系统具有防爆能力；机械通风设施具有导除静电的接地装置；正常通风量换气次数大于等于6次/h；事故排风量换气次数大于等于12次/h

3）给排水专业

基于给排水专业的规范约定进行条文内容拆解与审查规则解析；基于规则检查采用机器审查模型的暖通部分是否符合条文要求，尤其是强制性条文的要求。审查要点涵盖GB 50368—2005《住宅建筑规范》、GB 50016—2014《建筑设计防火规范（2018年版）》、GB 50084—2017《自动喷水灭火系统设计规范》、GB 50974—2014《消防给水及消火栓系统技术规范》等，表6-20所示为部分规范审查条文解析示例。

表6-20　部分规范审查条文解析示例

序号	规范审查条文	是否强条	条文内容拆解	解析出的规则
1	GB 50368—2005《住宅建筑规范》8.1.1	是	住宅应设室内给水排水系统	建筑类型为住宅建筑，若存在名为"系统分类"的参数，且参数值为"其他消防系统、卫生设备、家用冷水、家用热水、干式消防系统、湿式消防系统、循环供水、循环回水、预作用消防系统"中一个的模型元素的，则为通过
2	GB 50368—2005《住宅建筑规范》9.6.1	是	8层及8层以上的住宅建筑应设置室内消防给水设施	建筑类型为住宅建筑，若层数在8层以上且无名称包含"消防"关键字的元素的为不通过，其他的为通过

序号	规范审查条文	是否强条	条文内容拆解	解析出的规则
3	GB 50368—2005《住宅建筑规范》9.6.2	是	35层及35层以上的住宅建筑应设置自动喷水灭火系统	建筑类型为住宅建筑，若层数在35层以上且名称无包含"自动、消防、喷水"三个关键字的元素为不通过，其他的为通过
4	GB 50016—2014《建筑设计防火规范（2018年版）》8.1.3	是	自动喷水灭火系统、水喷雾灭火系统、泡沫灭火系统和固定消防炮灭火系统等系统及下列建筑的室内消火栓给水系统应设置消防水泵接合器： （1）超过5层的公共建筑； （2）超过4层的厂房或仓库； （3）其他高层建筑； （4）超过2层或建筑面积大于10 000m²的地下建筑（室）	建筑类型为工业建筑或建筑类型中带有"厂房、仓库"关键字或高层类型中包含"高层"关键字，若没有包含"消防、水泵、接合器"三个名称关键字的构件元素的，则为不通过，其他的为通过
5	GB 50016—2014《建筑设计防火规范（2018年版）》8.1.6	是	消防水泵房的设置应符合下列规定： （1）单独建造的消防水泵房，其耐火等级不应低于二级； （2）附设在建筑内的消防水泵房，不应设置在地下3层及以下或室内地面与室外出入口地坪高差大于10m的地下楼层； （3）疏散门应直通室外或安全出口	在建筑名称包含"消防水泵"的房间中，不存在和其他房间共用墙面，且房间的"耐火等级"参数值为一级的；若建筑内附设有消防水泵房，其楼层在地下3层以上，或楼层深度小于10m的；没有通向室外或存在"安全出口"参数并且值为"是"的门类型构件的，为不通过，其他的为通过
6	GB 50016—2014《建筑设计防火规范（2018年版）》8.2.1	是	下列建筑或场所应设置室内消火栓系统： （1）建筑占地面积大于300m²的厂房和仓库； （2）高层公共建筑和建筑高度大于21m的住宅建筑； 注：建筑高度不大于27m的住宅建筑，设置室内消火栓系统确有困难时，可只设置干式消防竖管和不带消火栓箱的DN65的室内消火栓。 （3）体积大于5 000m³的车站、码头、机场的候车（船、机）建筑、展览建筑、商店建筑、旅馆建筑、医疗建筑、老年人照料设施和图书馆建筑等单（多）层建筑；	模型信息中建筑面积大于等于300m²并且建筑类型中包含"仓库、厂房"其中一个关键字的；或者高层类型中包含"高层"关键字的；或者建筑高度大于21m且建筑类型为住宅的；或者建筑高度等于15m且所有房间体积之和大于10 000m³的，若不存在名称中带有"消防、消火"其中一个关键字的构件元素的为不通过，其他的为通过

续表

序号	规范审查条文	是否强条	条文内容拆解	解析出的规则
6	GB 50016—2014《建筑设计防火规范（2018 年版）》8.2.1	是	（4）特等、甲等剧场，超过 800 个座位的其他等级的剧场和电影院等及超过 1 200 个座位的礼堂、体育馆等单（多）层建筑；（5）建筑高度大于 15m 或体积大于 10 000m³ 的办公建筑、教学建筑和其他单（多）层民用建筑	模型信息中建筑面积大于等于 300m² 并且建筑类型中包含"仓库、厂房"其中一个关键字的；或者高层类型中包含"高层"关键字的；或者建筑高度大于 21m 且建筑类型为住宅建筑的；或者建筑高度等于 15m 且所有房间体积之和大于 10 000m³ 的情况下，若不存在名称中带有"消防、消火"其中一个关键字的构件元素的为不通过，其他的为通过
7	GB 50974—2014《消防给水及消火栓系统技术规范》5.4.2	是	自动喷水灭火系统、水喷雾灭火系统、泡沫灭火系统和固定消防炮灭火系统等水灭火系统，均应设置消防水泵接合器	存在水喷雾灭火系统的，或者管道系统中存在带有"自动、喷水、灭火"三个关键字的构件元素，或者管道系统中存在带有"泡沫、灭火"两个关键字的构件元素，或者管道系统中存在带有"固定、消防炮、灭火"三个关键字的构件元素的，若没有消防水泵接合器的为不通过，其他的为通过
8	GB 50974—2014《消防给水及消火栓系统技术规范》5.5.12	是	消防水泵房应符合下列规定：（1）独立建造的消防水泵房耐火等级不应低于二级；（2）附设在建筑物内的消防水泵房，不应设置在地下 3 层及以下，或室内地面与室外出入口地坪高差大于 10m 的地下楼层；（3）附设在建筑物内的消防水泵房，应采用耐火极限不低于 2.0h 的隔墙和 1.5h 的楼板与其他部位隔开，其疏散门应直通安全出口，且开向疏散走道的门应采用甲级防火门	在名字带有"消防水泵"关键字的房间中，在建筑内的房间，若在地下 3 层及以下的为不通过；消防水泵房所处楼层的深度大于 10m 的为不通过；消防水泵房通向外部或没有为安全出口的门的为不通过；房间内存在耐火极限小于 2.0h 的隔墙或耐火极限小于 1.5h 的楼板的为不通过；建筑内的房间没有隔墙的为不通过；独立建造的消防水泵房耐火极限为一级的为不通过，其他的为通过
9	GB 50974—2014《消防给水及消火栓系统技术规范》6.1.9 第 1 条	是	室内采用临时高压消防给水系统时，高位消防水箱的设置应符合下列规定：高层民用建筑、总建筑面积大于 10 000m² 且层数超过 2 层的公共建筑和其他重要建筑，必须设置高位消防水箱	模型信息中层数大于等于 2 且建筑性质为公共建筑或居住建筑的，且建筑面积大于等于 10 000m²，若不存在名称中带有"高位、消防、水箱或水池"三个关键字的构件元素的为不通过

4）电气专业

基于电气专业的规范约定进行条文内容拆解与审查规则解析；基于规则检查采用机器审查模型的暖通部分是否符合条文要求，尤其是强制性条文的要求。审查要点涵盖 GB 50016—2014《建筑设计防火规范（2018 年版）》、GB 50116—2013《火灾自动报警系统设计规范》等，表 6-21 所示为部分规范审查条文解析示例。

表 6-21　部分规范审查条文解析示例

序号	规范审查条文	是否强条	条文内容拆解	解析出的规则
1	GB 50016—2014《建筑设计防火规范（2018 年版）》10.1.1	是	下列建筑物的消防用电应按一级负荷供电： （1）建筑高度大于 50m 的乙、丙类厂房和丙类仓库； （2）一类高层民用建筑	模型信息中，建筑高度大于 50m，且建筑类型包含"乙类厂房、丙类厂房和丙类仓库"，消防用电为一级负荷供电的，为通过，消防用电为其他的则不通过；高层类型为"一类高层"，消防用电应为一级负荷供电的，为通过，消防用电为其他的则不通过
2	GB 50016—2014《建筑设计防火规范（2018 年版）》10.1.2	是	下列建筑物、储罐（区）和堆场的消防用电应按二级负荷供电： （1）室外消防用水量大于 30L/s 的厂房（仓库）； （2）室外消防用水量大于 35L/s 的可燃材料堆场、可燃气体储罐（区），以及甲、乙类液体储罐（区）； （3）粮食仓库及粮食筒仓； （4）二类高层民用建筑； （5）座位数超过 1 500 个的电影院、剧场，座位数超过 3 000 个的体育馆，任一层建筑面积大于 3 000m² 的商店和展览建筑，省（市）级及以上的广播电视、电信和财贸金融建筑，室外消防用水量大于 25L/s 的其他公共建筑	模型信息中，建筑类型为"厂房、仓库"，室外消防用水量大于 30L/s,消防用电为二级负荷供电的，为通过，消防用电为其他的则不通过；区域为"可燃材料堆场、可燃气体储罐（区），以及甲、乙类液体储罐（区）"，室外消防用水量大于 35L/s,消防用电为二级负荷供电的，为通过，消防用电为其他的则不通过；建筑类型为"粮食仓库、粮食筒仓"，消防用电为二级负荷供电的，为通过，消防用电为其他的则不通过；高层类型为"二类高层"，消防用电为二级负荷供电的，为通过，消防用电为其他的则不通过；座位数大于 1 500，建筑类型为"电影院、剧院"，或建筑类型为"商店和展览建筑，省（市）级及以上的广播电视、电信和财贸金融建筑"且任一层建筑面积大于 3 000m²，室外消防用水量大于 25L/s，消防用电为二级负荷供电的则通过，消防用电为其他的则不通过

续表

序号	规范审查条文	是否强条	条文内容拆解	解析出的规则
3	GB 50016—2014《建筑设计防火规范（2018 年版）》10.1.5	是	建筑内消防应急照明和灯光疏散指示标志的备用电源的连续供电时间应符合下列规定： （1）建筑高度大于 100m 的民用建筑，不应小于 1.5h； （2）医疗建筑、老年人照料设施、总建筑面积大于 100 000m² 的公共建筑和总建筑面积大于 20 000m² 的地下、半地下建筑，不应少于 1.0h； （3）其他建筑，不应少于 0.5h	若建筑性质为综合建筑则为待确定。 若消防应急照明和灯光疏散指示标志数量为 0 的则不通过。 若建筑高度大于 100m 且建筑性质不为工业建筑，而消防应急照明和灯光疏散指示标志备用电源连续供电时间小于 1.5h 则不通过。 若建筑类型为"综合医院建筑、精神专科医院、传染病医院建筑、老年人照料设施建筑，建筑面积大于 100 000m² 的公共建筑"，而消防应急照明和灯光疏散指示标志备用电源连续供电时间小于 1.0h 的则不通过。 若其他建筑，消防应急照明和灯光疏散指示标志备用电源连续供电时间小于 0.5h 的则不通过。 若高层类型为地下、半地下，建筑类型为"综合医院建筑、精神专科医院、传染病医院建筑、老年人照料设施建筑，建筑面积大于 200 000m²"，而消防应急照明和灯光疏散指示标志备用电源连续供电时间小于 1.0h 的则不通过
4	GB 50116—2013《火灾自动报警系统设计规范》6.1.1	否	火灾报警控制器和消防联动控制器应设置在消防控制室内或有人值班的房间和场所	若火灾报警控制器和消防联动控制器数量为 0 的则为待确定。 若是消防控制室或是否有人值班参数值为是的房间数量为 0 的则不通过。 若火灾报警控制器和消防联动控制器不在消防控制室或是否有人值班参数值为是的房间的则不通过
5	GB 50116—2013《火灾自动报警系统设计规范》6.1.3	否	火灾报警控制器和消防联动控制器安装在墙上时，其主显示屏高度宜为 1.5～1.8m，其靠近门轴的侧面距离不应小于 0.5m，正面操作距离不应小于 1.2m	若火灾报警控制器和消防联动控制器数量为 0 的则为待确定。 若火灾报警控制器和消防联动控制器安装在墙上，而其主显示屏高度小于 1.5m 或大于 1.8m 的则不通过。 若火灾报警控制器和消防联动控制器安装在墙上，正面操作距离小于 1.2m 的则不通过

序号	规范审查条文	是否强条	条文内容拆解	解析出的规则
6	GB 50116—2013《火灾自动报警系统设计规范》6.11.1	否	防火门监控器应设置在消防控制室内，未设置消防控制室时，应设置在有人值班的场所	若此项目中无防火门监控器的则为待确定。 若防火门监控器不在是否有人值班参数值为是的房间且不在消防控制室内的则不通过
7	GB 50116—2013《火灾自动报警系统设计规范》9.5.2	否	未设消防控制室时，电气火灾监控器应设置在有人值班的场所	若消防控制室数量不为0的，为通过。 若电气火灾监控器不在是否有人值班参数值为是的房间的则不通过

5）人防专业

基于人防专业的规范约定进行条文内容拆解与审查规则解析；基于规则检查采用机器审查模型的暖通部分是否符合条文要求，尤其是强制性条文的要求。审查要点涵盖 GB 50038—2005《人民防空地下室设计规范》等，表 6-22 所示为部分规范审查条文解析示例。

表 6-22　部分规范审查条文解析示例

序号	规范审查条文	是否强条	条文内容拆解	解析出的规则
1	GB 50038—2005《人民防空地下室设计规范》3.2.13	是	人防地下室染毒区与清洁区之间需满足： （1）使用钢筋混凝土密闭隔墙，厚度≥200mm； （2）密闭隔墙有管道穿过时，应采取密闭措施； （3）门洞应加装密闭门	在模型信息中，区域为"染毒区、清洁区"的墙，若是否有内墙为否，材质类型为钢筋混凝土，厚度≥200mm，为通过，否则不通过；当隔墙与管道碰撞，隔墙是否采取密闭措施参数为是，为通过，否则不通过；门洞包围盒范围内，检测到门，并且门属性是否密闭门为是，为通过，否则不通过
2	GB 50038—2005《人民防空地下室设计规范》3.3.26	是	当电梯通至地下室时，电梯必须设置在防空地下室的防护密闭区以外	若项目中没有电梯井房间则为待确定。 若项目中没有是否防护密闭区属性为是的面积则为待确定。 若电梯井房间在是否为防护密闭区参数为是的面积里面，则不通过

续表

序号	规范审查条文	是否强条	条文内容拆解	解析出的规则
3	GB 50038—2005《人民防空地下室设计规范》3.3.1	是	人员掩蔽工程的战时出入口需满足： （1）每个防护单元出入口数量≥2； （2）室外出入口数量≥1； （3）战时主要出入口为室外出入口； （4）以上出入口均不为竖井式出入口、连通口	区域为防护单元的部分，门属性人防出入口类型为战时出入口且数量≥2，为通过，否则不通过；门属性人防出入口类型为战时出入口，并且是否直通室外参数为是的出入口数量≥1，为通过，否则不通过；门属性人防出入口类型为战时出入口，出入口层级为主要出入口，是否直通室外参数为是，为通过，否则不通过；以上出入口的出入口性质属性不为竖井式出入口、连通口，为通过，否则不通过
4	GB 50038—2005《人民防空地下室设计规范》3.3.6 第 1、2 条	是	二等人员掩蔽所出入口人防门设置要求： （1）由外到里，防护密闭门的设置数量为 1，密闭门的设置数量为 1； （2）防护密闭门：向外开启	门属性是否为密闭门为是的门数量=1，为通过，否则不通过；门属性是否为密闭门为是，开启方向为"室外"，为通过，否则不通过
5	GB 50038—2005《人民防空地下室设计规范》3.2.6	是	人防地下室的面积要求： （1）人员掩蔽工程防护单元面积≤2 000m²，抗爆单元面积≤500m²； （2）配套工程防护单元面积≤4 000m²，抗爆单元面积≤2 000m²； （3）队员掩蔽部防护单元≤1 000m²，抗爆单元面积≤500m²； （4）装备掩蔽部防护单元≤4 000m²，抗爆单元面积≤2 000m²	面积属性人防工程类型为人员掩蔽工程，名称为防护单元的面积≤2 000m²，为通过，否则不通过；面积名称为抗爆单元的面积≤500m²，为通过，否则不通过；面积属性人防工程类型为配套工程，名称为防护单元的面积≤4 000m²，为通过，否则不通过；面积名称为抗爆单元的面积≤2 000m²，为通过，否则不通过；面积属性人防工程类型为队员掩蔽部，名称为防护单元的面积≤1 000m²，为通过，否则不通过；面积名称为抗爆单元的面积≤500m²，为通过，否则不通过；面积属性人防工程类型为装备掩蔽部，名称为防护单元的面积≤4 000m²，为通过，否则不通过；面积名称为抗爆单元的面积≤2 000m²，为通过，否则不通过

城市信息模型平台顶层设计与实践

续表

序号	规范审查条文	是否强条	条文内容拆解	解析出的规则
6	GB 50038—2005《人民防空地下室设计规范》3.3.5	否	人员掩蔽工程的战时出入口需满足： （1）门洞宽度≥0.8m，高度≥2.0m； （2）通道宽度≥1.5m，高度≥2.2m； （3）楼梯宽度≥1.0m； （4）备用出入口门洞宽度≥0.7m，高度≥1.6m； （5）备用出入口通道宽度≥1.0m，高度≥2.0m	面积属性人防工程类型为人员掩蔽工程，门属性人防出入口类型为战时出入口，门洞宽度≥0.8m且高度≥2.0m，为通过，否则不通过； 面积属性人防工程类型为人员掩蔽工程的房间名称为通道，房间属性通道宽度≥1.5m且通道高度≥2.2m，为通过，否则不通过； 面积属性人防工程类型为人员掩蔽工程，楼梯宽度≥1.0m，为通过，否则不通过； 面积属性人防工程类型为人员掩蔽工程，门属性人防出入口类型为战时出入口，门属性出入口层级为备用出入口，门洞宽度≥0.7m且高度≥1.6m，为通过，否则不通过； 面积属性人防工程类型为人员掩蔽工程，门属性人防出入口类型为战时出入口，门属性出入口层级为备用出入口，相邻房间名称为通道，房间属性通道宽度≥1.0m且通道高度≥2.0m，为通过，否则不通过
7	GB 50038—2005《人民防空地下室设计规范》3.6.6第1、3条	是	柴油电站的贮油间应符合下列规定： （1）贮油间宜与发电机房分开布置； （2）严禁柴油机排烟管、通风管、电线、电缆等穿过贮油间	贮油间房间：在功能区域柴油电站相交的贮油间房间。 若没有贮油间房间在功能区域为柴油电站的则为待确定。 若项目中没有贮油间房间则为待确定。 若贮油间房间与发电机房共同一堵墙，则不通过。 若贮油间房间中存在柴油机排烟管、通风管、电线、电缆等，则不通过

164

6）节能专业

基于节能专业的规范约定进行条文内容拆解与审查规则解析；基于规则检查采用机器审查模型的暖通部分是否符合条文要求，尤其是强制性条文的要求。审查要点涵盖 GB 50189—2015《公共建筑节能设计标准》等，表 6-23 所示为部分规范审查条文解析示例。

表 6-23　部分规范审查条文解析示例

序号	规范审查条文	是否强条	条文内容拆解	解析出的规则
1	GB 50189—2015《公共建筑节能设计标准》3.2.2 条	否	严寒地区甲类公共建筑各单一立面窗墙面积比（包括透光幕墙）均不宜大于 0.6；其他地区甲类公共建筑各单一立面窗墙面积比（包括透光幕墙）均不宜大于 0.7	若气候分区为严寒地区，建筑详细分类包含甲类项目，窗面积除以附着的墙面积不大于 0.6，为通过，否则不通过；若气候分区不为严寒地区，建筑详细分类包含甲类项目，窗面积除以附着的墙面积不大于 0.7，为通过，否则不通过
2	GB 50189—2015《公共建筑节能设计标准》3.2.4 条	否	甲类公共建筑单一立面窗墙面积比小于 0.4 时，透光材料的可见光透射比不应小于 0.6；甲类公共建筑单一立面窗墙面积比大于等于 0.4 时，透光材料的可见光透射比不应小于 0.4	若建筑详细分类包含甲类项目，窗面积除以附着的墙面积小于 0.4，则该窗属性可见光透射比不大于 0.6，为通过，否则不通过；若建筑详细分类包含甲类项目，窗面积除以附着的墙面积不小于 0.4，则该窗属性可见光透射比不小于 0.4，为通过，否则不通过
3	GB 50189—2015《公共建筑节能设计标准》3.2.8 条	否	单一立面外窗（包括透光幕墙）的有效通风换气面积应符合下列规定：（1）甲类公共建筑外窗(包括透光幕墙)应设可开启窗扇，其有效通风换气面积不宜小于所在房间外墙面积的 10%；当透光幕墙受条件限制无法设置可开启窗扇时，应设置通风换气装置；（2）乙类公共建筑外窗有效通风换气面积不宜小于窗面积的 30%	若建筑详细分类包含甲类项目，窗属性是否是外窗为是，是否可开启为是，为通过，若是否可开启为否，则检测该房间内是否有通风换气装置，若有，为通过，否则不通过；该窗有效通风换气面积除以附着的墙面积不小于 10%，为通过，否则不通过

序号	规范审查条文	是否强条	条文内容拆解	解析出的规则
4	GB 50189—2015《公共建筑节能设计标准》3.3.4	否	屋面、外墙和地下室的热桥部位的内表面温度不应低于室内空气露点温度	墙、结构柱、梁、楼板的热桥内表面温度不小于关联房间的空气露点温度，为通过，否则不通过
5	GB 50189—2015《公共建筑节能设计标准》3.3.6条	否	建筑幕墙的气密性应符合国家标准 GB/T 21086—2007《建筑幕墙》中第5.1.3条的规定且不应低于3级	若建筑性质不为公共建筑则为待确定。 若项目中没有幕墙构件则为待确定。 若幕墙气密性小于3级，则不通过。 若幕墙气密性等于3级，qA（m³/m²×h）小于等于0.5或大于1.5，则不通过。 若幕墙气密性等于4级，qA（m³/m²×h）大于0.5，则不通过。 若幕墙气密性等于3级，幕墙嵌板是否可开启属性为是，幕墙嵌板 qL（m³/m²×h）小于等于0.5或大于1.5，则不通过。 若幕墙气密性等于4级，幕墙嵌板是否可开启属性为是，幕墙嵌板 qL（m³/m²×h）大于0.5，则不通过

3. 主要功能

（1）专业与专项审查：按需选择建筑、暖通、给排水、电气、人防、节能等不同专业的审查规范，支持全选/部分可选，基于各专业的标准规范，审查模型的专业是否符合规范要求，审查方式分人工审查和机器辅助审查，审查方式要支持审查结果的查看、定位、导出应用。

（2）审查规则库管理：支持导入已有的规则库文件及规则配置、规则编辑操作等（见图6-5和图6-6）。

图 6-5　审查规则库管理界面示例 1

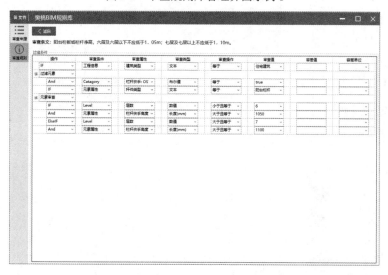

图 6-6　审查规则库管理界面示例 2

（3）审查数据导出：支持导出审查的结果数据。

6.1.4　联合验收与竣工图备案

1.　业务流程

以城市信息模型平台为载体，基于统一编码标准体系，实现设计 BIM 和竣工验收阶段 BIM 自动比对，变更记录参照查看，实现工程分部分项验收资料的竣工模型信息关联、竣工模型动态加载、工程分部分项验收信息和变更记录、竣工模型与验收资料关联的竣工图数字化备案等，探索实现施工质量安全监督、联合测绘、消防验收、人防验收等环节的信息共享。联合验收与竣工图备案如图 6-7 所示。

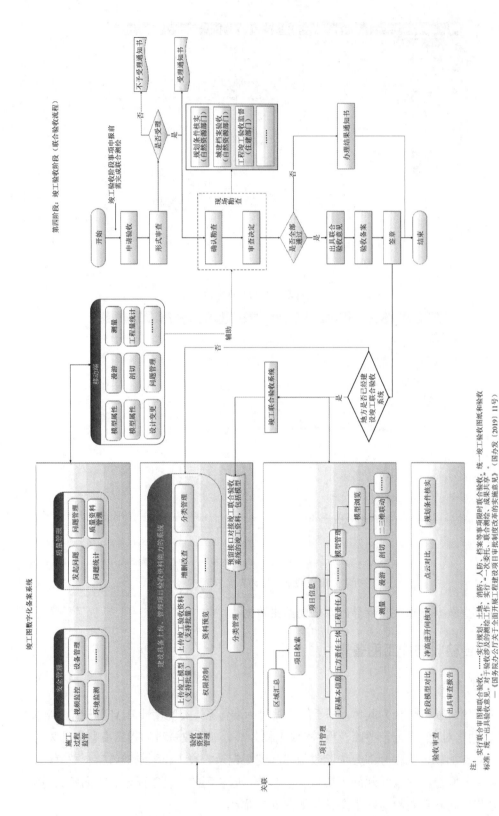

图 6-7 联合验收与竣工图备案

注：实行联合图审和联合验收。......实行规划、土地、消防、人防、档案等事项限时联合验收，统一验收图纸和验收标准。对于验收涉及的测绘工作，实行"一次委托、联合测绘、成果共享"。一出具验收意见。——《国务院办公厅关于全面开展工程建设项目审批制度改革的实施意见》（国办发〔2019〕11号）

2. 主要功能

（1）获取联合测绘数据：实地测绘工作完成后，平台提供入口供测绘单位把测绘成果上传到联合测绘平台并分发到相关业务处室。

（2）规划条件核实：在支持录入 BIM 规划审查相关规则的平台中提供规则条文查询汇总功能，通过输入关键字对规则条文进行查询，并且可检索规范条文以供审图人员参考，如复核审查结果。

（3）模型比对与差异分析：对比竣工时模型与施工图模型的差异，追溯施工与竣工模型的差异来源。

（4）联合验收备案：机器辅助规划条件核实后，由相关业务处室补充规划验收意见，生成电子验收报告，报告同步至联合验收平台与其余行业部门共同生成联合验收报告。

6.2　规划辅助编制、审查与实施监督

规划辅助编制、审查与实施监督业务涵盖总体规划、详细规划、专项规划，以及重点地区城市设计的规划编制、规划成果审查、规划成果管理应用和规划实施监督。规划辅助编制、审查与实施监督业务如图 6-8 所示。

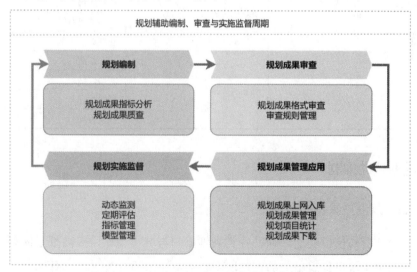

图 6-8　规划辅助编制、审查与实施监督业务

在规划成果审查的工作模式上，各省、市、县结合各地的实际情况编制了不同的工作流程，既保障了规划的上下传导和联动，又尊重了各级的审批事权，为规划审批的高

效工作奠定了基础。

　　各级规划编制成果侧重点不同，规划审查的要点也不一样。规划成果审查模式包含自身符合性、上位规划符合性及区域协调性三个要点。自身符合性即规划自身的科学合理性，主要包括国土空间开发保护总体目标和格局、重要功能空间的结构和布局、中心城区范围、分区规划单元划分等规划要素。上位规划符合性是指规划成果应当符合国家或省级国土空间总体规划下达的刚性管控需求，比如约束性指标、空间控制线等。区域协调性是指对国土空间开发保护各类矛盾之间的协调，使国土空间各类要素和工程规划互不冲突。例如，城市规划辅助编制、审查与实施监督功能清单如表 6-24 所示。相关主管部门的审查人员审查各部门重大项目的现状符合性及文物保护、交通、公共设施等专项规划协同性。

表 6-24　城市规划辅助编制、审查与实施监督功能清单

大　　项	中　　项	小　　项
规划辅助编制、审查与实施监督功能	规划辅助编制	规划成果指标分析
		规划成果质检
	规划成果审查	规划成果格式审查
		规划成果技术审查
		审查规则管理
	规划成果管理应用	规划成果入库上网
		规划成果管理
		规划项目统计
		规划成果下载
	规划实施监督	动态监测
		定期评估
		指标管理
		模型管理

6.2.1　规划辅助编制

6.2.1.1　规划成果指标分析

　　运用平台分析与模拟功能，辅助各类规划编制与城市设计，提高规划编制的效率和科学性，快速实现城市景观塑造的直观展示和决策分析的有效支撑，具体如下。

　　（1）基于 DEM 模型，进行水淹模拟分析、坡度坡向分析，合理利用地形地貌特征，因地制宜采用海绵城市设计思想，让详规成果更科学、更具弹性。

　　（2）通过视线分析、管控盒子分析辅助确定地块建筑高度指标，科学确定详规地块

建筑高度指标，确保城市建设给市民带来良好的感受；通过天际轮廓线分析，使城市天际轮廓高低起伏错落有致。

（3）利用方案比选，辅助城市设计/项目设计成果的设计调整和比对优化，挖掘设计的各种可能性。

6.2.1.2　规划成果质检

根据数据标准，对各类基础要素数据的完备性、命名规范等进行质量检查，将检查结果以质检报告形式输出，具体如下。

（1）成果质量全项检查：针对规划编制成果数据，所有检查项依次自动检查，并给出检查的详细结果和报告。

（2）成果质量分项检查：成果目录规范性检查、核心数据数学基准（坐标系、高程和投影方式）与图形空间范围检查、核心数据图层命名及结构规范性检查、核心数据属性字段值检查和核心数据空间拓扑关系检查。

其中核心数据空间拓扑关系检查包括以下内容。

① 重叠检查：对用地规划是否存在重叠情况进行检查。

② 自交检查：对实体是否存在自交情况进行检查。

③ 闭合检查：对地块、范围控制线是否闭合进行检查。

④ 冗余节点检查：对实体是否存在冗余节点进行检查。

⑤ 空对象检查：对图面是否存在空面积实体、零长度实体、空文字内容进行检查。

（3）统计报表：将检查结果输出，包括每类检查项的错误统计，以及详细的错误清单。

6.2.2　规划成果审查

6.2.2.1　规划成果格式审查

规划成果格式审查包括成果完整性检查、表述规范性审查、图文一致性检查等。

成果完整性检查主要辅助检查文本、图纸、数据库、基础资料是否齐全和完整等。表述规范性审查是审查规划文件的基本内容是否全面，章节安排、文字表达和制图是否准确及规范，是否符合规划编制的有关规定。图文一致性检查主要检查文本、图纸、空间数据三者的一致性，确保三者相关内容表达一致。

在进入审查任务之前，平台提供包括文件夹结构性、文件类型及相关空间成果的自动检测，确保成果符合规范要求，对不通过部分生成完整性审查报告，此报告可反馈至成果上报单位。

平台提供规划编制规定资料的快速检索与查看，按照标准目录树快速进行相关文件的查阅与审查。

提供多屏查看方式，审查人员可在不同的分屏窗口中查看或叠加查看文本、图纸和矢量数据。

6.2.2.2　规划成果技术审查

1. 规划要求符合性审查

规划要求符合性审查应核查规划成果是否与各类规划相冲突，对底线管控类、专项管控类开展符合性审查，通过机审结合人审形成预判结论。例如，针对详细规划编制成果审查，底线管控类符合性审查包括国土空间总体规划底线审查、城市总体规划底线审查、土地利用总体规划底线审查；专项管控类符合性审查包括环境保护专项审查、生态廊道专项审查、历史文化专项审查、轨道交通专项审查、市政管廊专项审查、单元体系专项审查及其余相关专项审查。

2. 管控标准比对审查

管控标准比对审查将规划成果与管控标准进行比对审查，严格把控规划成果管控要求。例如，需要结合相关法律法规及标准规范中用地、道路交通、公服配套、市政配套、城市绿地等管控数据指标，对规划用地、服务设施等管控要素进行审查分析及评价，形成规划编制范围内的总用地标准、人均用地标准、人均服务设施等指标比对分析，对审查结果进行预判，并结合人审形成预判结论。

3. 空间一致性检查

例如，针对新编国土空间规划成果，对于上级空间规划明确管控的三区三线进行辅助检查，确保下位规划内容及区域布局与上位规划管控内容及区域不矛盾，针对出现冲突的位置系统进行高亮标识，并可输出专题视图。

4．指标符合性检查

例如，针对新编国土空间规划成果，对文本与空间数据计算所获得的指标进行对比分析，确定规划一致性，针对本级指标与上级规划确定的规划指标进行对比分析，确定规划指标的符合性。

6.2.2.3　审查规则管理

通过量化审查指标构建审查规则库，提升机器规划成果技术审查能力。审查规则库管理模块提供审查规则校验、审查规则维护、审查规则查询、审查规则展示等功能。

输入管控审查规则包括标准名称、检验规则（如是否突破城镇开发边界、是否压盖生态保护红线、是否符合间距要求、是否满足采光要求等）、版本等基本信息，实现对规划要求符合性、管控标准比对、指标符合性等审查的支撑。系统实现标准填报的保存（保存本地）及发布（标准正式生效）操作。

6.2.3　规划成果管理应用

6.2.3.1　规划成果入库上网

规划成果入库分成两部分进行，主要包括应用数据和浏览数据。

（1）应用数据的入库流程。应用数据入库的主要数据文件是规划设计 GIS 图形及其相关的说明文档，通过制定的数据分层、编码、要素表达规程，按数据分层、编码、要素表达规程进行数据整理；从文档资料中整理与图形相对应的属性指标（如地块控制指标、设施规模指标等）并录入；图形与表格数据或其他相关的数据通过编码对应起来，再进行数据格式转换，图文连接，最后进行数据质量检查验收然后将数据入库。

（2）浏览数据的入库流程。用于浏览的数据，主要是先通过对整个规划的组织和信息资料进行归类，然后以文件的方式入库，直接以图文的方式提供给相关人员查阅，对于没有电子文档及纸质文本的规划成果资料可以通过文件扫描、归类组织的方式进行入库。

6.2.3.2　规划成果管理

根据"五级三类"国土空间规划体系，构建规划成果管理"一棵树"，综合管理各级各类规划每个阶段、每次审查的上报成果和审查结果，可以查看每一个空间规划成果审查任务中提交的成果图纸、审查报告、修改意见等，以及后期的成果批复情况，包括报批成果、批复文件等。

6.2.3.3　规划项目统计

动态统计工程建设项目在四个阶段的数量，并以全生命周期的方式展示统计结果，单击对应的规划编制阶段可展示当前阶段的项目情况，也支持统计各个年份规划编制项目开展的情况。

6.2.3.4　规划成果下载

规划成果管理应用支持对规划上报成果、审查报告及数据附件的本地下载。

6.2.4　规划实施监督

6.2.4.1　动态监测

实时采集接入多源数据，基于国土空间规划对相关的国土空间保护和开发利用行为进行长期动态监测，加强对各类管控边界、约束性指标的重点监测。

6.2.4.2　定期评估

依据国土空间开发利用现状评估指标获取相关数据，定期或不定期开展重点城市或地区国土空间开发利用现状评估，辅助生成评估报告，为国土空间规划编制、动态调整完善、底线管控和政策供给等提供依据。本级评估结果应逐级汇交至上级平台，根据需求开展专题评估。

6.2.4.3　指标管理

通过指标管理、指标计算配置、指标值管理及数据字典管理功能实现对国土空间规划实施评估指标项、指标体系及指标元数据、指标维度、指标值、指标状态及指标计算方式等的信息化管理，便于指标库的快速操作、更新维护及指标的动态调整。

6.2.4.4　模型管理

对国土空间规划的各类规则模型、评价模型、评估模型进行算法开发实现，通过算法注册、数据源管理及配套可视化工具进行模型构建，实现模型的统一管理和应用，为国土空间规划编制、审查、实施、监测、评估和预警等提供模型计算支撑。

6.3　智能建造与监管

　　智能建造与监管是采用 CIM 和 BIM，面向工程建设项目建造过程的仿真设计、数字孪生、施工模拟、隐患排查、安全调度和质量监管等业务的应用。其以智慧工地为抓手，依托 CIM、移动互联网、物联网和云计算等新一代信息技术，围绕场地、人员、机器、材料等各方面关键因素和施工过程，建立互联协同、智能生产、科学管理的施工项目信息化体系，实现工程施工可视化智能管理，并将施工场地三维模型与物联网感知采集到的环境信息、视频信息、活动信息进行关联、融合和挖掘分析，提供过程趋势预测、安全隐患分析、质量评估及应急预案，以提高工程管理信息化水平，从而逐步实现绿色建造和生态建造。借助 CIM 平台可实现表 6-25 所示的智能建造与监管典型应用场景。

表 6-25　智能建造与监管典型应用场景

应用场景	功　能	应用描述	关联模型
全域工地整体情况展示	工地一张图、场地仿真	通过地图定位全市工地分布，并按基坑阶段、地基基础、地下结构、主体结构、封顶、完工、停工等不同建设阶段分类展示	CIM1～CIM2 级模型，如行政区划、项目红线等
重点工程进展监控	查询分析	提供工程信息、证照信息、五牌一图、人员监控、材料监控、设备监控、执法信息、日常巡查、质量检测、专家抽查、工程资料等信息与三维模型挂接，通过工程计划评估工程进展，以二维和三维一体化形式对工地进行全方位透视	CIM3～CIM4 级模型，如场地进展实况及周边三维模型，场地、建筑模型和设施设备模型等与视频融合
工地质量安全巡检	远程巡检	提供定点巡检、视频监控查看巡检、工地视频监控巡检、无人机巡检、定线巡检、场地环境（如风、气温、光、噪声）等，实现对工地进行动态远程质量安全巡检、施工环境影响评价	CIM3～CIM4 级模型，如建筑模型、设施设备模型等与视频融合
监测高支模、深基坑、起重机械及工地现场环境实况	监测预警	系统接入工地现场视频、危险源、起重机械、地下工程和深基坑实时监测，以及高支模安全监测，并进行施工隐患挖掘、预警分析	CIM3～CIM4 级模型，如建筑模型、设施设备模型等与视频融合
工程现场问题隐患跟踪、闭环管理	监督管理	系统提供对于 CIM 基础平台巡检过程中发现的问题进行处理的功能，可利用系统在线新增问题对问题整改的追踪记录、展示、与业务系统对接处置等进行管理；基于 AI 算法，智能识别施工现场的质量、安全隐患，关联整改工单信息，形成隐患销项闭环，助力施工现场安全生产	CIM6 级模型
施工企业工程进度管理	项目进度计划、跟踪、调度与总结	具备模型动态更新、资料关联、进度评估与预警的能力	CIM6 级模型

6.4　城市运行管理

围绕城市运行管理"看全面、管到位、防在前"的核心目标，在"一图统揽、一网共治"的总体架构下，基于 CIM 平台这一城市三维数字底版，利用物联网、大数据、人工智能等技术汇聚和关联城市运行状况、态势等数据，整合城市管理资源，健全城市运营管理数据体系，基于 CIM 平台拓展智慧城管业务应用，如城市照明、垃圾管理、燃气管理、数字城管与综合执法等，建立智能预测模型，对重大城市管理事件进行分析预警，优化资源配置，为城市管理提供高效的信息服务与决策支持，提高城市运营管理水平，使城市管理走向精细化与智能化。城市运行管理典型应用场景见表 6-26。

表 6-26　城市运行管理典型应用场景

应 用 场 景	功　能	应 用 描 述	关 联 模 型
城市智能照明	智慧灯杆	可支持智慧灯杆的视频接入、环境监测设备数据获取、亮灯情况监测、电压电流实况和亮度调节等功能应用，并在 CIM 平台上同步亮灯、关灯和调整效果	CIM1～CIM2 级模型，如行政区划等；CIM3～CIM4 级模型
城市垃圾管理	视频监控	CIM 基础平台集成相关设施物联数据，提供基于栅格、聚簇、热图、活动规律等多种可视化分析手段对垃圾投放、垃圾桶、垃圾间、清运车、环卫人员、视频监控设备等进行概况分析和调度的功能	CIM1～CIM2 级模型，如行政区划等；CIM3～CIM4 级模型，如垃圾站设施设备模型
城市"三管一防"	案件追诉	可支持对"三管一防"的主题分析应用，实现对"三管一防"案件发生街道分布、案件量走势、案件发生位置和案件详情等内容的综合展示与分析，实现对城市热点问题提前预警决策，为排查问题提供数据支撑与手段	案件统计可关联 CIM1～CIM2 级模型，如行政区划等。案件现场定位可关联 CIM3～CIM4 级模型
城市管理执法	监测预警	通过动态监测城市管理执法工作对象的活动、诉求状况等相关指标，可对全地区城市综合执法状况进行定量描述，实现动态监测和预警	CIM1～CIM2 级模型，如行政区划等；CIM3～CIM4 级模型，如建筑模型、设施设备模型等与视频融合

6.5　城市更新规划建设管理

基于 CIM 平台的城市现状建筑、人口和配套设施等数据，为城市更新方案编制、成本核算、比对、审核提供辅助支持，具体包括基于 CIM 平台统计分析城市更新片区（旧厂、旧村）的现状用地、人口、建筑、文化遗存、公建配套及市政设施等信息，计算项目关键指标，如拆建比、容积率、节地率、绿化率、建筑密度等。对项目改造前现状和改造后效果图进行对比，直观反映旧城、旧厂、旧村改造前后的现状，以及方案比对、成本分析等辅助分析。城市更新规划建设管理典型应用场景如表 6-27 所示。

表 6-27　城市更新规划建设管理典型应用场景

应用场景	功　能	应 用 描 述	关 联 模 型
改造项目概况	可视化展示	（1）基于 CIM 平台底图展示城市更新实施项目情况，主要包括旧城（老旧小区微改造）、旧厂、旧村项目的数据查询和详情展示；（2）基于 CIM 平台底图展示城市更新基础数据图层、实施项目图层、重点工作图层、片区策划方案专题和相关空间规划；（3）通过集成片区策划的专题数据进行策划方案专题图的集中展示	CIM1～CIM2 级模型，如行政区划、兴趣点等；CIM3～CIM4 级模型，如地形、建筑模型
城市更新专题分析	城市更新统计分析	基于 CIM 平台底图将更新范围文件导入后生成图层叠加到 CIM 平台底图上，根据所叠加的图层数据，统计该范围内所涉及的相关城市更新专题数据，导出相应的统计数据	CIM1～CIM2 级模型，如行政区划、兴趣点等；CIM3～CIM4 级模型，如地形、建筑模型
	基于人、地、房数据辅助分析	通过自绘或导入外部数据确定数据范围，对范围内人口、房屋套数等信息进行统计分析	
城市更新方案报建与审批	流程管理	基于 CIM 基础平台，实现城市更新项目的规划、审查、报批业务流程的电子化管理和追溯	CIM1～CIM3 级模型，如行政区划、方案三维模型等
模拟仿真	方案比选	基于 CIM 基础平台，对各种改造方案模拟仿真，实现改造方案的比选优化	CIM3～CIM4 级模型，如地形、建筑模型

6.6　水务管理

基于 CIM 平台对现存水务设施建模，对水利水务工程采用 BIM 规划设计，汇聚形成水务设施数字孪生的模型，支撑设施动态巡检、精细管养。集成 IoT、移动通信等技术感知并监测水环境与水安全信息，动态汇聚并关联水务设施模型，掌握水务运行状态，模拟排水、洪涝事件发生发展过程，事前科学预测预警、准备预案，事中高效应急决策调度指挥，事后总结提升、优化预案。水务管理典型应用场景如表 6-28 所示。

表 6-28 水务管理典型应用场景

应 用 场 景	功 能	应 用 描 述	关 联 模 型
排水一张图	可视化展示	（1）在一张图中统一展示排水防涝基础设施（雨水管网、污水管网、合流管网、雨水口、检查井、泵站、水闸、截流设施、排水口、河道、水库）的现状； （2）排水防涝设施和各类监测设备信息进行一张图展示； （3）对城镇排水系统中管网、易涝点、水闸、泵站、河道等监测数据进行可视化动态展示； （4）基于城市地形、建筑物模型、降雨等信息，利用物联网、实时水动力模型、大数据分析等技术，在 CIM 基础平台上对城市内涝进行三维模拟展示	CIM1～CIM2 级模型，如行政区划等；CIM6～CIM7 级模型+视频融合
排水设施设备管理	设施设备管理	（1）实现对雨量、液位、水位、流量、视频监控等物联感知设备的实时管理； （2）实现对排水防涝基础设施数据的增加、删除、修改、查看等功能	CIM1～CIM2 级模型，如行政区划等；CIM6～CIM7 级模型+视频融合
排水设施设备管理	设施设备巡检	（1）通过手机软件收集排水管、排水井、排水闸站、排水泵站、排水口等排水设施巡检问题，将信息同步到 CIM 基础平台，实现排水设施的数据上报、日常巡检养护、问题流转、运营监管、监督考核、查询统计等日常管理功能； （2）充分利用移动互联技术，实现排水管网设施巡检、泵闸站设备巡检、巡检工单上报的处理审核全流程管理，以及日常巡检养护、问题流转、运营监管、监督考核、查询统计等日常管理功能	CIM1～CIM2 级模型，如行政区划等；CIM6～CIM7 级模型+视频融合
排水动态感知监测	查询分析	实现监测设备及数据管理、在线监测设备信息查询、监测数据曲线查询、监测数据统计报表分析、预警预报及时通知	—
排水预警预报预防	预警预报预防	（1）与气象部门、应急部门实现预警的共享与对接，预警信息应可通过系统实现实时发布； （2）实现内涝预测预警和实时监测，辅助内涝应急抢险调度和日常联合调度； （3）通过对实时监测道路积水点、地下管网、河道、泵站、污水处理厂等设施的水位、雨量、流量、水质、视频等信息的分析，结合预警信息，自动推荐合适的应急预案开展排水防涝工作； （4）结合手机软件实现排水防涝应急布防功能，值班人员应通过手机软件实时上报现场值班的情况	CIM1～CIM2 级模型，如行政区划、兴趣点等；CIM3～4 级模型，如地形、水利、建筑模型等

应 用 场 景	功　　能	应 用 描 述	关 联 模 型
排水应急调度指挥	指挥调度	（1）建立应急预案库，以水旱灾害事件为驱动，基于 CIM 平台构建水旱灾害指挥调度系统，满足水务防灾应急响应期间的指挥调度业务需求，提升水旱灾害指挥决策效率和水务防灾减灾救灾能力； （2）实现物资调配功能，结合物资管理台账，及时协调不同物资储配仓库补充各类应急物资	CIM1～CIM2 级模型，如行政区划、兴趣点等

6.7　交通管理

将 CIM 平台与城市交通管理相结合，在统一的三维数据底版之上，采集建模现有交通设施，规划建设新的交通路线与设施，融入城市交通出行、交通事件等多源时空信息，以提升城市交通管理水平、实现道路交通高效调控、提供便捷的出行信息服务为目标，实现交通动态监控、交通指挥调度、智能停车、交通仿真等业务应用。

（1）交通动态监控。基于 CIM 平台，接入道路视频、卡口、信号灯及车载 GPS、乘客出行等交通运行数据，利用大数据、人工智能等技术对由上述数据构成的出行轨迹进行处理恢复，并将其匹配到对应的三维交通路网中，完成交通运行状态在城市数字沙盘上的动态反馈，实现对道路平均流量、平均速度、交通密度、平均延误等重要参数的统计和可视化展示，掌握道路运行情况。

（2）交通指挥调度。CIM 平台接入交通事故、环境灾害、城市应急等数据，综合评估道路动态路况信息，建立自适应交通信号方案模型、交通拥堵疏散方案模型，实现可视化的交通指挥调度预演和评估，为缓解关键地段拥堵及交通疏散提供决策支撑。

（3）智能停车。通过城市停车场的传感设备（如地磁、红外终端）等，甄别车位上的车辆停放情况，解决停车车位信息无法及时、高效采集的问题，同时利用物联网技术将"孤立"的停车场数据汇聚到统一的 CIM 平台上并向公众动态共享，解决因停车场库信息不流通而带来的"停车难"等问题，为城市级停车诱导提供决策支撑，提升居民的城市出行幸福度。

（4）交通仿真。弥补传统二维仿真软件在场景展示力度方面的不足，在城市三维路网基础之上，对城市交通中涉及的信号灯、路面标线、交通标识等要素进行语义化建模，打造城市交通静态三维场景，提高对交通运行（尤其是立体交通运行）进行模拟分析时的展示直观性，解决了过去宏观、微观仿真彼此封闭，无法在同一个平台上实现从城市宏观场景到路口微观场景无缝衔接和联动仿真的问题，提高了仿真平台对交通方案进行模拟、研判的可信度。

第 7 章

实施路径设计

7.1 主要任务与重点工程

CIM 平台作为智慧城市建设的最佳途径，内容体系庞大，平台建设应分步实施，明确主要任务与重点工程。CIM 平台建设主要包含搭建 CIM 基础平台、搭建 CIM 数据中心、搭建 CIM 核心应用和支撑 CIM+应用四项任务，实施步骤如下所示。

7.1.1 搭建 CIM 基础平台

首先基于 CIM 平台建设应用架构设计构建 CIM 基础平台。基于现有的良好信息化基础，充分运用中台技术，逐步建成具有数据中台、业务中台和技术中台特征的 CIM 平台。CIM 基础平台提供数据汇聚与管理、数据查询与可视化、平台分析与模拟、平台运行与服务、平台开发接口等基础应用功能。

新建或基于现有的智慧城市时空信息云平台、多规合一业务协同平台升级是比较常见的搭建 CIM 基础平台的方式。基于智慧城市时空信息云平台扩展构建 CIM 基础平台，可充分利用二维时空基础信息，并扩展汇聚三维 CIM，提供精细化与可视化的数字城市三维底座，支撑城市规划建设管理业务协同。在一张蓝图共享、项目储备、项目协调的基础上，增加 CIM 平台基础应用功能。

通过 CIM 基础平台构建的数据中台、业务中台和技术中台,以微服务或 API 形式对外提供相关数据,包含地图类、控件类、事件类、数据分析类、模拟推演类、平台管理类、资源访问类、数据交换类、BIM 类、三维模型类、实时感知类、项目类共十二类服务接口。

利用新一代信息技术整合治理现有的 BIM 数据、三维模型数据,构建 CIM 基础平台数据中台,动态更新各类数据和资源目录,提供二维数据、三维模型、BIM 数据共享、分发、查询、统计、服务,完善三维功能应用。数据中台接口服务示例如表 7-1 所示。

表 7-1 数据中台接口服务示例

服务接口类别	服务接口描述	具 体 案 例
资源访问类	可提供 CIM 资源的描述信息查询、目录服务接口、服务配置和融合,实现信息资源的发现、检索和管理,包括远程获取数据、上传文件、请求成功/失败默认函数等功能	专题信息获取、专题资源获取、BIM 项目目录树获取等
数据交换类	对元数据进行查询,对 CIM 数据授权访问,包括上传、下载、转换等功能	元数据查询、基础属性查询、数据更新、数据上传、数据下载、数据转换、格式转换等
BIM 类	对 BIM 进行信息查询、剖切、绘制、测量、编辑等操作和分析接口	BIM 加载、BIM 数据查询、模型信息监测、BIM 检查、BIM 剖切、BIM 测量、模型比对分析、关联信息展示等
三维模型类	对三维模型进行资源描述、调用与交互操作,包括修改要素对象、向要素添加附件、返回属性等功能	倾斜摄影加载、三维要素查询、添加标注、添加附件、模型渲染、三维场景视角、地上地下一体化、室内室外一体化等
实时感知类	对物联感知设备进行定位、接入、解译、推送与调取	视频投影、视频监控等

基于 CIM 与 BIM 的三维技术辅助审批业务,提升工程建设项目 BIM 报建智能化审查、施工图审查、规划条件核实智能审批等能力;形成可重用的业务规则库,基于业务规则将共通的业务进行下沉,进而形成一个个通用的可对外提供的业务功能服务,赋予 CIM 基础平台业务中台特征。业务中台服务接口示例如表 7-2 所示。

表 7-2 业务中台服务接口示例

服务接口类别	服务接口描述	具 体 案 例
项目类	管理 CIM 应用的工程建设项目全周期信息,包含信息查询、进展跟踪、编辑、模型与资料关联等操作	合规性审查、冲突检测、规划条件查询、规划条件分析、设计方案比对、模型文件关联、项目信息查询、模型全流程展示应用等

CIM 基础平台的技术中台提供二维 GIS、三维模型及 BIM 等异构数据转换、融合、入库，支持数据抽取、更新、检查、安全交换与共享（区块链），支持各类服务定义、发布、监控、代理、负载均衡等基础性、通用性技术功能，支持数据同步更新，并对外提供统一的数据服务，提供统一的技术支撑，支持三维应用服务。技术平台服务接口示例如表 7-3 所示。

表 7-3　技术平台服务接口示例

服务接口类别	服务接口描述	具 体 案 例
地图类	CIM 平台资源的描述、调用、加载、渲染和场景漫游，提供属性查询、符号化等功能	加载切片图层、点云图层、天地图、谷歌地图、百度地图，地图属性查询，图层渲染，漫游录制、漫游等
控件类	对 CIM 平台中的常用控件进行操作，包括地图打印、截屏输出、自由剖切、视线分析、缩放、三维测量等功能	图例、相机快照、地图打印、三维测量、剖切、鹰眼地图、比例尺、卷帘功能、透明度设置、试点录制等
事件类	在 CIM 平台场景交互中侦听和触发事件，包括对地图场景的单击、双击、聚焦、拖曳，以及监听键盘、鼠标、滚轮事件等功能	测距、测面、拉框放大、底图操作监听、底图单击查询、图层属性设置、视点设置、天际线分析、叠加分析、净高分析、视域分析等
数据分析类	对历史数据进行分析，按空间、时间、属性等进行信息对比，大数据挖掘分析	人流分析、交通流分析等
模拟推演类	对 CIM 平台的典型应用场景进行过程模拟、情景再现、预案推演	疏散模拟、日照模拟等
平台管理类	对 CIM 平台的资源信息进行管理及平台权限认证，包括查找用户信息、注册 token、生成并返回 token 等功能	用户认证、用户信息获取、资源检索、申请审核、用户授权图层等

7.1.2　搭建 CIM 数据中心

按照物理分散、逻辑统一的技术路线，构建统一管理、分布共享的 CIM 数据中心，实现数据横向跨部门、纵向跨层级的数据共享。CIM 数据中心的建设需要考虑城市大数据价值的发挥与可持续发展的要求，数据中心、服务支撑相结合，建立数据汇聚—存储—管理—共享的一体化大数据中心，将 CIM 数据进行有效管理，提供汇聚更新服务与共享同步服务。

CIM 数据中心由市数据中心和区数据分中心构成，在市数据中心对时空基础数据、国土调查数据、规划管控数据、工程建设项目数据、公共专题数据、物联感知数据进行统一接入，针对已有的且可共享的数据从各大系统通过接口汇聚接入，CIM 数据来源可

城市信息模型平台顶层设计与实践

参考表 7-4。除此之外，市数据中心存放统一的知识库、模型算法库、指标和规则库，为数据存储、更新提供支撑；区数据中心存放工程建设项目数据、国土调查数据、公共专题数据等业务管理数据，实现本地业务办理。

表 7-4 CIM 数据来源

序 号	门 类	大 类	中 类	数 据 来 源
1	时空基础数据	行政区	地级行政区	时空信息云平台
			县级行政区	
			乡级行政区	
			其他行政区	
		电子地图	政务地图	时空信息云平台
		测绘遥感数据	数字正射影像	时空信息云平台
			倾斜影像	
			激光点云数据	
		三维模型	数字高程模型	时空信息云平台
			水利三维模型	采集入库
			建筑三维模型	采集入库
			交通三维模型	采集入库
			管线管廊三维模型	采集入库
			植被三维模型	采集入库
			其他三维模型	采集入库
2	国土调查数据	国土调查	国土调查与变化调查	自然资源三维立体时空数据库
		地质调查	基础地质	国土空间基础信息平台
			地质环境	
			地质灾害	
		耕地资源	耕地资源	自然资源三维立体时空数据库
			永久基本农田	"多规合一"平台
		水资源	水系水文	自然资源三维立体时空数据库
			水利工程	
			防汛抗旱	
		城市部件	公用设施类/道路交通类/市容环境类/园林绿化类/房屋土地类/其他设施类	城市综合管理服务平台
		其他调查评价	地下空间设施普查、地下管线普查	—

184

续表

序 号	门 类	大 类	中 类	数 据 来 源
3	规划管控数据	开发评价	资源环境承载能力评价/国土空间开发适宜性评价	国土空间规划"一张图"实施监督信息系统
		重要控制线	生态保护红线/永久基本农田/城镇开发边界	"多规合一"平台
		国土空间规划	总体规划	国土空间规划"一张图"实施监督信息系统
			详细规划	
			村庄规划	
		专项规划	自然资源行业专项规划	国土空间基础信息平台
			环保规划	
			水利规划	
			交通规划	
			历史文化名城保护规划	
		已有相关规划	原主体功能区规划	"多规合一"平台
			原土地利用总体规划	
			原城乡规划	
4	工程建设项目数据	立项用地规划许可	项目选址	工程建设审批管理系统
			项目红线	
			选址与用地预审信息	
			证照信息	
			批文、证照扫描件	
		建设工程规划许可	设计方案 BIM	采集入库
			报建与审批信息	工程建设审批管理系统
			证照信息	
			批文、证照扫描件	
		施工许可	施工图 BIM	采集入库
			施工审查信息	工程建设审批管理系统
			证照信息	
			批文、证照扫描件	
		竣工验收	竣工验收 BIM	采集入库
			施工审查信息	工程建设审批管理系统
			证照信息	
			批文、证照扫描件	

续表

序 号	门 类	大 类	中 类	数 据 来 源
5	公共专题数据	社会数据	就业和失业登记、人员和单位社保	政务信息资源数据共享交换平台
		法人数据	机关、事业单位、企业、社团	政务信息资源数据共享交换平台
		宏观经济数据	国内生产总值、通货膨胀与紧缩、投资、消费、金融、财政	国土空间基础信息平台
		人口数据	人口基本信息/人口统计/人口结构	政务信息资源数据共享交换平台
		兴趣点数据	引用 GB/T 35648 地理信息兴趣点分类与编码	采集入库
		地名地址数据	地名	时空信息云平台
			地址	
		社会化大数据	微信、手机信令、浮动车等位置服务大数据	采集入库
			城市运行数据（水、电、气、公交刷卡等运营数据）	采集入库
6	物联感知数据	建筑监测数据	设备运行监测	建筑工程施工现场监管信息系统
			能耗监测	采集入库
		市政设施监测数据	城市道路桥梁、轨道交通、供水、排水、燃气、热力、园林绿化、环境卫生、道路照明、垃圾处理设施及附属设施	城市综合管理服务平台
		气象监测数据	雨量、气温、气压、湿度等监测	采集入库
		交通监测数据	交通技术监控数据	采集入库
			交通技术监控照片或视频	
			电子监控信息	
		生态环境监测数据	水、土、气等环境要素监测	采集入库
		城市安防数据	治安视频、三防监测数据、其他	采集入库

（1）数据汇聚与更新。对六大门类 CIM 数据进行统一接入，同时加强 CIM 数据标准的执行力度，提高数据全面治理水平。对工程建设项目业务审批审查及"多测合一"成果加强数据自动清理、分类抽取转换，形成相应的时空基础数据、现状（调查）数据

并汇聚至 CIM 平台，实现数据同步治理与运维更新。

（2）数据共享与同步。基于 CIM 数据体系框架、CIM 数据资源目录，整合现有数据资源，明确数据共享目录，通过接口或服务的形式实现数据跨部门共享。基于市、区两级数据中心，在市数据中心存放统一的知识库、模型算法库、指标和规则库、时空基础数据和规划管控数据，并能自动同步各区数据中心的工程建设项目数据、国土调查数据、公共专题数据，实现数据跨层级跨部门同步。

7.1.3　搭建 CIM 核心应用

CIM 平台围绕工程建设项目规划、设计、建设、管理各个阶段，提供 CIM 核心智能化应用，逐步实现工程建设项目全生命周期的智能化审查审批，促进工程建设项目规划、设计、建设、管理、运营全周期一体联动。

1. CIM 数据汇聚共享

基于 CIM 平台提供的模型轻量化、数据资源加载、模型数据管理、数据标注管理、空间数据管理等功能应用，支撑工程建设各阶段项目二维 GIS 数据、三维模型数据或 BIM 数据汇聚，支撑 CIM 数据汇聚与管理。

CIM 数据共享通过前置交换或在线共享方式实现，前置交换提供 CIM 数据的交换参数设置、数据检查、交换监控、数据上传下载等功能，在线共享提供服务浏览、服务查询、服务订阅、消息通知等功能，共同支撑 CIM 数据共享服务。

2. CIM 规划设计

融合规划编制与审查相关业务，搭建总体规划、详细规划、专项规划、城市设计等规划编制与审查应用，实现将规划审查从线下转到线上的信息化转变，实现内外在线辅助规划编制、共享与协同。

（1）CIM 规划应用。CIM 平台规划应用可实现参数化、可计算的规划设计模拟，支持规划辅助编制、规划审核审批和规划业务相关的应用，包括规划管控、指标分析、限高分析、通视分析、日照分析等；城市设计辅助相关功能以 CIM 数据为基础，改变传统城市设计的方法，通过信息化手段辅助，实现更加具体、形象化的城市设计，包括方案比对、开场度分析、多方位分析、景观设计分析、视廊通道分析等城市设计辅助功能；基于"多规合一"平台二维分析，实现基于三维的"多规合一"相关辅助分析功能，主要包括冲突检测、控制线分析、项目选址分析、项目生成策划等功能；衔接已建成的规划业务平台，为规划业务办理提供服务。

（2）应用工具建设。明确规划技术审查指标体系，建立相应审查规则和分析评价模型，支撑规划技术审查；开发规划格式审查和技术审查工具，实现规划技术审查机审，通过机审辅助人审，提高详细规划技术审查工作的效率。结合实际明确规划技术审查收案标准，统一规划技术审查收案数据的数据格式、图层类型、属性字段等，建立分阶段、分层次的收案标准要求体系，保障详细规划技术审查工具正常运行，提升规划技术审查工具运行的准确性。

3. CIM 审批协同

面向工程建设项目审批全流程，将 CIM 数据应用到行政审批各个阶段，包括立项用地规划许可、建设工程规划许可、施工许可、竣工验收四个阶段的衔接应用，实现基于 CIM 的规划报建、联合审批和联合验收辅助服务。对于各类审查指标，所有可量化指标实现 100%机器自动审查，不可量化指标实现机器辅助审查。

（1）规划条件提取与审查工具建设。建立统一的规则库，量化管理地块规划条件和公共服务设施设置要求，基于规则库对项目用地进行智能审查。

（2）规划 BIM 报建审查工具建设。针对道路及轨道交通工程、市政工程设计方案，明确审查指标清单及规划，开发基于 BIM 的 C/S 端和 B/S 端三维报建工具，实现机器智能化辅助审查，出具审查报告。

（3）规划验收智能审查工具建设。配合联合测绘、联合验收工作，基于 BIM 进行规划条件核实审查，建立规划条件核实智能审批指标核算体系，形成与指标核算体系相对应的规划条件核实审批软件辅助工具。

4. CIM 建设监管

CIM 建设监管面向工程施工与监理，对建筑工程的建设过程质量安全进行可视化监管，实现基于 CIM 平台的总控展示、施工阶段工程信息关联、施工可视化监管、物联监测等。

7.1.4 支撑 CIM+应用

在 CIM 平台建设初具规模的基础上，搭建 CIM+应用，深化平台应用能力。结合政府部门的需求，开发基于 CIM 数据的智慧应用，为智慧国土、智慧城管、智慧环保、智慧交通、智慧水务、城市更新、城市体检、美丽乡村等提供应用支撑。

7.2　运营模式

7.2.1　多级网络

1. CIM 平台建设模式

在 CIM 平台建设实施过程中秉承顶层设计、统筹建设的原则，根据实际情况采用不同的建设模式，包括市县（区）统建模式、市县（区）分建模式和市县（区）统分结合建设模式。

（1）市县（区）统建模式。市级负责建设市 CIM 基础平台，部署在市级并分发账号给不建设 CIM 平台的县（区）、园区（社区）使用系统。

（2）市县（区）分建模式。市级和县（区）在统一的建设框架、技术框架和数据共享规范下分别建设 CIM 平台。市级建设 CIM 平台，并建设统一的数据标准、接口标准，支持县（区）、园区（社区）自建平台（系统）数据接入和共享交换，构建全市"一张图"。县（区）在市级建设框架、技术路线、数据标准和接口标准要求下建设 CIM 核心应用和 CIM+应用，通过微服务或 API 的形式获取市级平台 CIM 基础应用功能。

（3）市县（区）统分结合建设模式。市级建设市级平台，对于不建设 CIM 平台的县（区），市级平台分发账号给县（区），并集成市级平台的用户认证机制，采用单点登录技术，使市、县（区）、园区（社区）三级用户使用统一登录入口和工作平台，并开放不同的数据与功能权限，支撑各自不同的业务需求。对于单独建设 CIM 平台的县（区），可根据市级平台统一的用户认证机制和单点登录技术集成县（区）平台，县（区）平台基于统一的用户认证机制与市级平台实现系统对接。

2. CIM 平台多级网络

CIM 平台三级网络指市—县（区）—园区（社区）纵向网络，由市—县（区）、县（区）—园区（社区）两级纵向网络构成。三级网络通过政务网接入政务云使用平台；对尚未接入政务云的县（区），建议由各县（区）政府落实保障经费，采用租赁专线等方式接入政务云。市级和县（区）级横向网络由局及所属事业单位局域网互联构成，下属事业单位内部局域网通过本单位的防火墙与局域网防火墙外的交换机相连，连接线路采用租赁用专线。

网络架构图如图 7-1 所示。

城市信息模型平台顶层设计与实践

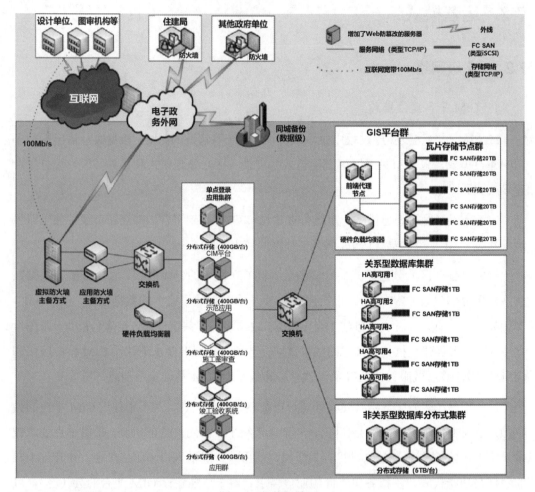

图 7-1　网络架构图

结合图 7-1 可知以下几点。

（1）CIM 平台以租赁的方式部署在市政府信息化云平台中，其租赁的云主机所在的物理节点均为万兆互联。

（2）各使用单位通过电子政务外网访问 CIM 平台。

（3）CIM 平台的应用通过虚拟防火墙、应用防火墙及 Web 防篡改的组合方式与外部环境进行安全连接，与同属市电子政务云平台的其他单位业务系统采用 VXLAN 的方式进行网络隔离。

（4）相关单位及移动端应用通过虚拟专用网络（VPN）从互联网访问平台。

7.2.2　数据汇交与更新

1. 数据汇交

基于大数据分布式存储技术建立物理分散、逻辑集中的数据中心。对时空基础数据、资源调查数据、规划管控数据、公共专题数据进行统一接入并动态汇聚；横向业务部门数据通过服务形式接入；分局数据通过数据中心实现自动同步。

2. 数据更新

将业务化、碎片化的工程建设项目数据通过分层治理，基于统一的坐标系实现公共基础区域数据的动态更新，支撑规划编制与工程建设项目生成、选址等应用，形成 CIM 治理与应用的闭环。CIM 数据治理与应用闭环如图 7-2 所示。

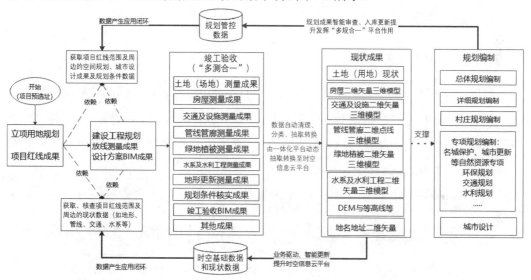

图 7-2　CIM 数据治理与应用闭环

一方面，工程建设项目策划生成阶段的合规性审查、立项用地规划许可阶段的项目红线范围获取等需要依赖规划编制数据和现状调查底版数据。另一方面，工程建设项目在竣工验收阶段的竣工测量数据（包括土地、房屋、交通及设施、管线管廊、绿地植被、水系及水利工程、地形更新测量成果及规划条件核实成果、竣工验收 BIM 成果等）可以自动清洗、分类、转换，促进动态更新时空基础数据和现状数据（包括用地现状、房屋二维矢量三维模型、交通及设施二维矢量三维模型、管线管廊二维矢量三维模型、绿地植被二维矢量三维模型、水系及水利工程二维矢量三维模型、DEM 与等高线、地名地址二维矢量等），从而反馈支撑规划辅助编制与智能审查，由此形成 CIM 治理与应用的闭环。

一方面，更新的时空基础数据和现状数据通过平台的数据服务管理功能为项目立项用地规划许可及建设工程规划许可阶段的规划条件分析、合规性检测提供底版数据支持。

另一方面，各类规划编制成果由 CIM 平台提供的规划成果审查、入库上网功能进行统一入库管理，并通过平台的数据服务管理功能为项目立项用地规划许可及建设工程规划许可阶段的规划条件分析、合规性检测提供底版数据支持。构建数据闭环的 CIM 平台治理运维机制，以竣工测量数据增量更新的方式，解决目前以资源普查、调查进行现状数据更新从而造成数据冗余、经费投入巨大的问题，同时也为规划编制、工程建设项目智能审查审批提供时效性强、准确性高的数据。

7.2.3　安全保障

7.2.3.1　平台部署方式

根据不同的用户对平台的要求，建议 CIM 平台可分别在涉密网和政务网环境下部署，未来可根据应用推广情况和实际需要在互联网环境部署。在涉密网、政务外网、互联网部署的 CIM 平台分别称为 CIM 基础平台（涉密版）、CIM 基础平台（政务版）、CIM 基础平台（公众版）。CIM 平台部署方式如图 7-3 所示。

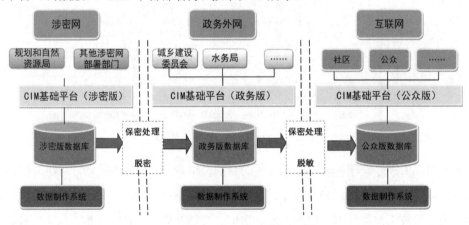

图 7-3　CIM 平台部署方式

7.2.3.2　安全保密技术

1. **基于区块链技术的网络数据共享**

区块链技术作为一个结合了通信传输、分布式存储、密码保护等功能的分布式系统，具有集体维护、去中心化、数据库可靠的特点，可以实现数据共享过程可跟踪、隐私可保护、数据可加密等功能，最终构建一个健康可信的网络共享环境。

区块链网络作为解决中心化网络低效率、高成本、数据存储不安全等问题的方案，通过块链式数据结构校对存储信息，数据的生成和更新依赖节点的分布式存储及共识算法，数据的隐私及安全性通过各种加密技术来实现，最终通过自动编程脚本实现网络数据的分布式架构。区块链关键技术主要有加密技术、分布式存储及共识算法。

针对 CIM 数据资源分散共享、交换、传导时的信息不对称、版本控制、安全保密等问题，利用区块链技术的不可篡改、全程留痕、公开透明、分布式存储、加密算法、智能合约等特点，对 CIM 数据分布式加密存储，资源目录（账本）全过程公开，使得规划、施工、竣工各阶段的 BIM 分享数据不可篡改、不可删除，保证了全过程记录数据的唯一性。采用非对称加密算法，对分块 CIM（$25km^2$ 内）涉密数据进行加密，只有唯一拥有私钥的人方有权限使用（浏览、引用、复制等），保证数据安全共享。搭建区块链系统模型，应注意考虑以下几个方面。

（1）共识算法。不同的共识算法具有不同的特点，因此应根据网络数据的差异性选择合适的共识算法。

（2）区块数据的更新。区块链去中心化使得每个节点都包含了系统数据，当系统数据发生更新或缺失时，要验证并及时对每个节点进行更新。

（3）数据的扩展。区块链作为数据存储平台，需要存放不同类型、不同时间节点的数据，将不同类型的数据进行扩展使其关联起来，方便用户的提取和共享。

2. 基于信息隐藏技术的数据发布

信息隐藏技术是运用各种信息处理方法，将需要保密的信息隐藏在各种信息数据中的技术。当非法用户截获包含密文的文件后，只能解读文件载体的内容，而不会意识到其中含有隐秘信息，或即使知道其中含有隐秘信息也不能解读出来。信息隐藏的方法主要有隐写术、数字水印技术、可视密码、潜信道、隐匿协议等。要在 CIM 数据中嵌入数字水印信息，首先应确保嵌入的水印信息不被发现或破坏，其次是保证嵌入的电子地图在遭受恶意攻击后，仍能正确地检测到水印信息存在。

根据 CIM 地理空间数据的特点，嵌入水印的方法应满足如下基本要求。

（1）保证精度。在水印嵌入后，保证矢量地图数据的高精度，不能在嵌入水印信息的同时破坏数据的精度。

（2）不可感知。水印信息嵌入后，肉眼是无法察觉的，必须通过特殊工具才能提取。

（3）健壮性。要求矢量地图的水印具有较强的抵抗常见攻击的能力，能抵抗平移、缩放、旋转、剪切等攻击。

（4）安全性。未经授权使用的用户将不能进行水印信息的提取和检测。

（5）容量。要求数字水印算法的水印信息量足够大，信息量太少不足以唯一确定矢量地图产品的版权。

（6）确定性。要求水印所携带的信息没有歧义，应唯一指明数据的版权拥有者。

CIM 平台将信息隐藏技术应用于数据发布模块，将数据版权所有者、合法使用者、授权时间等信息放入数据中。数据使用者无法察觉和识别修改信息，只有数据版权所有者通过特定程序才能提取其版权信息。

7.2.4 推广对接模式

市 CIM 基础平台推广对接模式可分为授权直接使用模式、服务共享与定制开发模式、自建平台对接模式、企业自建交换模式四种，具体如下所示。

7.2.4.1 授权直接使用模式

在该模式下访客可直接通过政务外网，利用浏览器登录市 CIM 基础平台，授权使用市 CIM 基础平台的数据加载、查询统计等直接应用功能开展相关业务工作。市委、市政府等部门可采用该模式。授权直接使用模式示意图如图 7-4 所示。

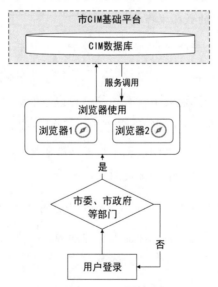

图 7-4　授权直接使用模式示意图

场景事例：规划部门通过授权直接使用模式登录市 CIM 基础平台进行相关业务场景应用。

事例 1：基于 CIM 基础平台的城市体检应用场景，通过 CIM 提供的多规数据汇聚、评估、预警、仿真、模拟、决策等功能，实现规划信息串联整合和全生命周期管理，并基于 CIM 基础平台的机器评估方式，为规划设计找问题，自动生成基础年度体检报告。

事例 2：基于 CIM 基础平台的房屋普查应用场景，通过 CIM 基础平台三维模型直观查询房屋的权利人、建筑结构、使用状况、建成年份、验证发证、房屋现状与登记情况是否相符等信息，并获得房屋占地面积、层数等空间信息。

7.2.4.2 服务共享与定制开发模式

对于不具备三维应用系统及应用能力，需要基于 CIM 基础平台定制开发 CIM 应用系统提升自身三维应用能力的"应用需求方"可选择该模式。在市 CIM 基础平台的基础上，该模式利用市 CIM 基础平台提供的二次开发 API 定制开发各专题 CIM 应用系统。推荐不具备三维应用系统及应用能力的市直政府部门采用该模式。接口定制开发模式示意图如图 7-5 所示。

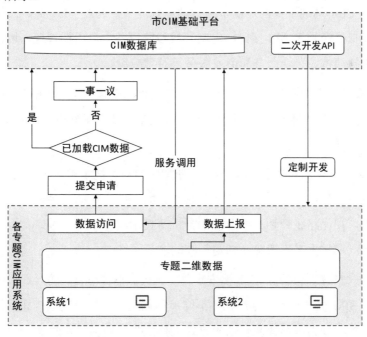

图 7-5 接口定制开发模式示意图

市 CIM 基础平台已加载的三维数据，经过申请批准后可通过政务外网在线调用市 CIM 基础平台接口访问资源，叠加与自身业务相关的 CIM 数据开展专题应用；市 CIM

基础平台未加载的三维数据，按照一事一议的原则开展。若在专题应用中采集或更新了专题 CIM 数据，则可通过政务外网向市 CIM 基础平台上报更新。

场景事例：以市交通局为例，利用市 CIM 基础平台提供的二次开发 API，定制开发地铁车站智慧运管应用，实现与市 CIM 基础平台实时对接。

通过采集、分析物联网设备信息，监测客流数据，实现空间、设备、人员的集中管理，对人流的位置、数量及目前运行状态进行分析，为运营管理人员提供决策依据，并进行智慧地铁信息化综合管理，实现轨道交通运营管理的便捷化、高效化、智慧化。

（1）数据汇聚与智能感知。以车站 BIM 为基础，建立可视化的轨道交通各类组件模型，三维直观平台整合 GSD 的宏观地表信息和 BIM 的精细化建筑及地下设施信息，将轨道交通进行数字还原。同时，搭建设备监控、视频监控等各类物联感知设备采集实时信息。

（2）CIM 基础平台分析。将 CIM 基础平台的分析技术/能力封装成 CIM 分析服务，集成三维引擎、BIM 轻量化、业务流引擎与其他智慧城市关键技术，建立视频实景三维系统、BIM+GIS 可视化分析、事件管理等系统以支撑上层应用。

（3）基于 CIM 基础平台的地铁车站智慧运管应用。通过 BIM 类、三维模型类、实时感知类、模拟推演类等 API 接口，定制开发设施设备生命周期管理、地铁客运管理、应急预案与模拟演练、公众服务和商业服务等智慧应用。

① 设施设备生命周期管理：其在基于可视化车站整体 BIM 的基础上综合了监控、人工巡检、维护保养、定修等，包括设备位置与台账管理、车站机电设备系统状态监测、设备维护履历管理等。

② 地铁客运管理：其基于 BIM，结合物联网（IoT）技术实现客运组织、客运服务、客流分析等业务管理；制定不同场景下的布岗方案，结合移动设备和蓝牙信标，为设备巡视提供三维可视化路线规划；结合视频分析等技术实现车站出入口、换乘通道、站台客流统计，预测车站大客流情况，制定不同的客流预案。

③ 应急预案与模拟演练：针对治安事件、火灾、群体事件、防台、防汛等提供响应预案，并借助 BIM 根据不同车站结构、不同事件点进行事先特定预排和演练，以及提供应急事件下的各种预案，选择最有效的方式进行演练，提高工作效率。

④ 公众服务和商业服务：利用庞大的乘客乘车数据和顾客消费数据实现精准营销，满足便捷、时尚、活力的生活方式要求，并打造地铁生活消费平台，使其成为市民生活

的新入口，包括 3D/VR 指示牌、站内商铺导航，结合地图服务实现站内到站外导航、吃喝玩乐游购导引服务等。

（4）实时对接。通过资源访问类、数据交换类、实时感知类 API 定制开发，实现系统实时对接。通过服务共享形式，调用市 CIM 基础平台的 BIM 和其他三维数据，叠加与自身业务相关的 CIM 数据开展地铁车站智慧运管应用。上传站点客流监测数据至市 CIM 基础平台，为全市人流分析等提供数据支撑。

7.2.4.3　自建平台对接模式

通过自建 CIM 平台搭建各专题 CIM 应用系统，并通过政务外网与市 CIM 基础平台实时对接，上报相关业务数据和物联感知数据或协同办理业务等。推荐已建成或正在建设 CIM 平台的政府部门采用该模式。自建平台对接模式示意图如图 7-6 所示。

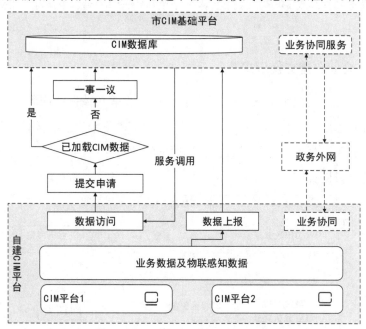

图 7-6　自建平台对接模式示意图

场景事例：以市水务局为例，基于自建 CIM 平台，搭建排水智能化系统，实现与市 CIM 基础平台实时对接。

（1）建设排水基础设施"一张图"。基于统一的 CIM 平台，将污水管网、雨水管网、重点排水户、城市易涝点、污水泵站点等信息统一展示和分析，构建集全市综合管理、集中调度、集中监测、应急指挥、数据分析和决策支持于一体的排水基础设施"一张图"。

（2）搭建排水感知设备物联网。统一安装流量、水位、水质等感知设备，利用物联网、智能视频分析等先进技术手段将业务数据梳理、整合，构建覆盖管网、泵站、污水厂等的物联监测设施体系，基于 GIS 地图实现对实时数据、历史数据、监测点位、监控设备状态数据的展示，全网统一管理和集中自动化控制排水传感设备。

（3）建设智慧排水应用系统。利用 GIS 地理信息系统、人工智能、物联网、云计算、移动互联等技术，建设包含数据采集与监控、排水管网巡查、视频监控、城市内涝预警预报、排水调度等功能的排水智能化系统，实现智能感知、管理动态、决策科学、业务协同、平台集约、信息共享，支撑排水管理向精细化、协同化、科学化和智能化方向发展。

（4）实时对接。通过服务调用形式，访问市 CIM 基础平台气象监测数据和交通监测数据，辅助排水智能化系统排水调度、应急指挥和决策支持。同时将排水基础设施"一张图"业务数据和排水物联感知数据上传至市 CIM 基础平台，拓展市 CIM 基础平台数据汇聚能力。

7.2.4.4　企业自建交换模式

对于企业，可使用由市 CIM 基础平台提供的 I3S 等相关在线服务及市 CIM 平台开发包开发企业的 CIM 平台及其应用系统。市 CIM 基础平台提供相关接口供企业上报物联感知数据等相关数据，已有智慧社区、车联网等业务系统的企业可采用本模式。企业自建交换模式示意图如图 7-7 所示。

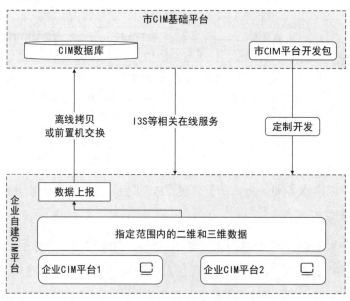

图 7-7　企业自建交换模式示意图

场景事例：企业基于市 CIM 平台开发包，定制开发基于 CIM 基础平台的智慧园区应用。

通过 GIS+BIM+IoT 技术获取并集成园区基础数据，包含园区已建、在建和拟建项目的所有规划、建设、运营管理过程的数据，基于核心 CIM 数据引擎打通数据，对接园区内安防、能耗、交通等数据，形成数据资产，最后通过场景化的应用将这些数据资产应用到园区不同的业务场景下。

（1）数据汇聚与智能感知。通过对接园区内水体、消防传感器、视频监控设备等各种感知设备的数据源，获取 CIM 平台需要的 IoT 数据。通过建库、服务共享、接口等形式汇聚各种数据源，为智慧园区的应用提供数据基础，包括园区规划数据、地质水文数据、基础地理信息及高分辨率遥感影像、所有建筑物的 BIM、景观信息模型、视频图像镶嵌动态地图及瓦片数据。同时对各类基础数据进行管理和维护，保持基础数据的有效性。

（2）CIM 平台分析。将基于 CIM 平台的分析技术/能力封装成 CIM 分析服务，集成三维引擎、BIM 轻量化、知识图谱引擎、地址引擎、业务流引擎与其他智慧城市/园区关键技术，建立视频实景三维系统、BIM+GIS 可视化分析、事件管理等系统以支撑上层应用。

（3）智慧园区应用。建设智能建造、安防管理、消防管理、车辆管理和能耗管理等智慧园区应用系统。

① 智能建造：园区接入规划阶段、设计阶段、施工阶段、竣工完成的 BIM 数据，借助控高分析、冲撞分析等方法展示各阶段的模型差异。为展示建筑建造全过程，关联 WBS（分工组织结构），管理者可以实时控制建造进度、物资管理、施工模拟等，提高工作效率，增加经济效益。

② 安防管理：利用视频智能分析技术与三维真实场景拼接，形成视频图像镶嵌动态地图。同时，基于多种视频分析服务，如越界检测、跨镜头定位追踪等，实现入侵探测、报警。

③ 消防管理：在智慧园区三维 GIS+BIM 场景中嵌入各类传感设备，通过物联传感器为园区管理者提供实时数据监测和预警、告警，保障在异常第一时间通过移动终端设备或短信告知管理者，包括火灾超前预警、消防栓末端水压监测、无线烟感监控等。

④ 车辆管理：利用视频识别、线圈、RFID 等技术对车辆、道路和停车场信息进行采集和处理，基于园区二维模型与三维模型、地上地下地图，展现园区内道路、停车场

实时使用情况。

⑤ 能耗管理：对接建筑群的楼宇智能化信息集成系统，基于各楼内和公共区域部署的水、电、冷热量采集设备，实时掌握能耗情况，及时发现耗能设备和空间，动态分析能耗状况、辅助制定并不断优化节能方案、实时准确地核算节能量，支撑建筑能源数据统计分析、预警、设备管理、能源调度、节能诊断、节能工作评价等。

（4）数据交换。通过离线拷贝或前置交换方式，从市 CIM 基础平台获取园区各类基础数据，同时向市 CIM 基础平台提供园区自建二维数据和三维数据。

7.3 保障措施

7.3.1 组织保障

明确负责 CIM 平台建设工作的组织机构，负责全市建筑工程和市政工程 BIM、CIM 技术的推广和指导工作，组织 BIM 技术创新联盟、行业协会、BIM 技术应用企业、软件企业和科研院所等有关单位成立 CIM 平台建设技术专家委员会，并指导其开展技术政策研究、标准编制、宣传培训等工作，对 BIM 技术应用情况进行跟踪引导，及时研究解决 BIM 技术应用过程中存在的问题的方法。行业协会、BIM 技术创新联盟要充分发挥行业自律和桥梁纽带作用，搭建 BIM 技术服务和交流平台，组织开展 BIM 技术应用培训，促进 BIM 技术普及和推广。

构建 CIM 平台运维管理组织架构，由行政主管部门、技术支持部门和技术合作团队共同参与平台建设和运维管理工作。成立 CIM 平台建设工作领导小组，坚持统一领导、统筹规划，由工作领导小组对 CIM 信息化工作集中统一领导。

7.3.2 政策保障

有关部门出台了一系列相关政策推动 BIM 技术、CIM 技术迅速发展。在国家政策的引导下，各地需加快推动制定 BIM 技术应用政策的进程，出台相关的 BIM 技术规范、管理措施和激励政策。

制定企业投标鼓励政策，完善评标方法，制定对具有 BIM 技术应用能力的企业投标的鼓励措施，对于应用 BIM 技术的投资项目，对企业给予加分或其他优惠条件。完善建设工程评奖管理办法，对应用 BIM 技术的建设工程给予优先评选并设置相应加分项，对推动 BIM 技术应用有突出贡献的相关企业和人员在信用评价时给予加分。明确 BIM 服务定价规则,发放相关补贴。

研究制定扶持政策,开展 BIM 技术咨询服务和软件服务等,对企业发展情况进行调研,制定企业培育发展计划,将符合要求的企业纳入相关发展支持体系。

7.3.3 人才保障

以领军人才队伍和领导团队建设为重点,加强全行业的人才培养。积极培养研发和应用 BIM 技术、CIM 技术的人才队伍,满足 CIM 技术的全面推广应用。鼓励企业与科研院所联合开展职业培训、技术培训等多层次的 CIM 技术应用教育培训,在注册执业资格人员和工程专业技术人员的继续教育中增加 CIM 技术应用课程。

同时,以试点示范工程项目为引导,组织观摩和技术交流,建立 BIM 技术、CIM 技术应用示范经验交流平台和机制。行业协会和企业积极开展 CIM 技术竞赛和交流活动,分享 CIM 技术应用成果,促进行业创新发展,营造 CIM 技术应用的良好氛围。

7.3.4 安全保障

强化安全顶层设计,建立有力有效的信息系统安全保障体系,落实信息系统安全保障责任制度,开展信息安全等级保护;强化信息安全风险防范,防止信息泄露,防范黑客、病毒等;强化数据安全保护,以等级保护、保密为红线,充分利用数据攻击防护、数据脱敏、数据加密等技术手段,保障重要敏感数据安全可控;落实全网信息安全运营管理体系,建立全网安全风险监测、预警及应急处置工作机制,建立安全服务与应急处置体系,加强网络与信息安全灾备设施的建设和管理。

7.3.5 资金保障

CIM 平台建设经费划入年度财政计划和预算,在专项资金中划拨支持基础数据采集加工、信息系统开发、数据分析、网络安全环境建设等相关信息化建设项目的投入资金,保障稳定的信息化资金投入渠道。按项目规模、投资额度和工程重要程度,建设单位应在合同中明确 BIM 技术应用要求、交付成果和相应的工作费用与列支渠道,把 BIM 技术应用列入预算。有关行业协会开展 BIM 技术应用市场化成本要素测算,引导行业有序竞争,加强行业自律。

第 8 章

CIM 平台设计案例

8.1 超大城市 CIM 平台设计案例

超大城市 CIM 平台以广州市为案例,根据新的城市规模划分标准,广州市已成为城区常住人口 1 000 万以上的超大城市。2019 年 6 月 28 日,住房和城乡建设部将广州市纳为 CIM 平台建设试点。2021 年 7 月 28 日,作为全国首个 CIM 基础平台的广州 CIM 基础平台正式发布。

8.1.1 建设需求

根据《国务院办公厅关于全面开展工程建设项目审批制度改革的实施意见》(国办发〔2019〕11 号)、《住房和城乡建设部办公厅关于开展城市信息模型(CIM)平台建设试点工作的函》、《广州市城市信息模型(CIM)平台建设试点工作方案》等文件要求,提出广州市建设 CIM 平台建设试点工作。

为贯彻落实国家关于工程建设项目审批改革的政策要求,落实完成住房和城乡建设部办公厅关于开展 CIM 平台建设试点工作,辅助施工图审查竣工验收备案工作,提高工程建设项目审批的效率和质量,推进广州市工程建设项目审批相关信息系统建设,推动政府职能转向减审批、强监管、优服务，建设广州市智慧城市操作系统，特此开展"2019年广州市城市信息模型（CIM）平台项目"建设。

按照住房和城乡建设部 CIM 平台建设试点工作的要求，在广州市工程建设项目审批制度改革试点的基础上，利用现代信息技术手段，促进工程建设项目审批"提质增效"，推动改革试点工作不断深入。以工程建设项目三维数字报建为切入点，在"多规合一"平台的基础上，汇聚城市、土地、建设、交通、市政、教育、公共设施等各种专业规划和建设项目全生命周期信息，并全面接入移动、监控、城市运行、交通出行等实时动态数据，构建面向智慧城市的数字城市基础设施平台，现在为住建报建、图审、备案用，今后也为广州城市精细化管理的其他部门、企业、社会提供城市大数据及城市级计算能力。最终建设具有规划审查、建筑设计方案审查、施工图审查、竣工验收备案等功能的 CIM 基础平台，精简和改革工程建设项目审批程序，缩短审批时间，承载城市公共管理和公共服务，建设智慧城市基础平台，为智慧交通、智慧水务、智慧环保、智慧医疗等提供支撑，为城市的规划、建设、管理提供支撑。

8.1.2　建设内容与成效

建设内容包括构建一个数据库、构建一个基础平台、建设一个智慧城市一体化运营中心、构建两个基于审批制度改革的辅助系统和开发基于 CIM 的统一业务办理平台五方面。

8.1.2.1　构建一个数据库

构建可以融合海量多源异构数据的 CIM 基础数据库，参考 GB/T 51212—2016《建筑信息模型应用统一标准》、GB/T 51269—2017《建筑信息模型分类和编码标准》、《建筑信息模型设计交付标准》等国家级标准，完成现状三维数据入库；收集现有 BIM 单体模型建库并接入新建项目的建筑设计方案 BIM、施工图 BIM 和竣工验收 BIM；整合二维基础数据，实现审批数据项目与地块模型关联，实现二维和三维数据融合，完成统一建库。

数据库按数据内容可分为基础数据库、城市现状三维数据库、模型库、城市规划专题库、城市建设专题库、城市管理专题库等。

8.1.2.2　构建一个基础平台

构建 CIM 基础平台，实现多源异构 BIM 模型格式转换及轻量化入库，海量 CIM

数据的高效加载浏览及应用，汇聚二维数据、项目报建 BIM、项目施工图 BIM、项目竣工 BIM、倾斜摄影、白模数据及视频等物联网数据，实现历史现状规划一体、地上地下一体、室内室外一体、二维和三维一体、三维视频融合的可视化展示，提供疏散模拟、进度模拟、虚拟漫游、模型管理与服务 API 等基础功能，构建智慧广州应用的基础支撑平台。

平台融合 BIM 技术，推进全市数据资源成果的深度应用，为规划建设管理提供多尺度仿真模拟和分析功能，提高工作人员对城市建设的感知能力，进而提高数据资源辅助决策的科学性。

8.1.2.3　建设一个智慧城市一体化运营中心

在广州市住房和城乡建设局办公大楼六层建设一个智慧城市一体化运营中心，包括 LED 室内小间距屏（含中控设备）。

8.1.2.4　构建两个基于审批制度改革的辅助系统

1. 构建基于 BIM 的施工图三维数字化审查系统

开展三维技术应用，探索施工图三维数字化审查，建立施工图三维数字化审查系统。就施工图审查中的部分刚性指标，依托施工图审查系统实现计算机机审，减少人工审查部分，实现快速机审与人工审查协同配合。通过施工图三维数字化智能审查系统的建设，达到以下目标。

（1）研发施工图三维数字化智能审查审核工具，能够对 GB 50010—2010《混凝土结构设计规范（2015 年版）》、《建筑设计防火规范（2018 年版）》、GB 50007—2011《建筑地基基础设计规范》、GB 50034—2013《建筑照明设计标准》、GB 50009—2012《建筑结构荷载规范》等规范中规定的强条进行审查。为其他各地开展工程建设项目 BIM 施工图三维审查并与"多规合一"管理平台衔接提供可复制、可推广的经验。开展三维技术应用，探索施工图三维数字化审查，建设施工图三维数字化审查系统。就施工图审查中的部分刚性指标，依托施工图审查系统实现机审，减少人工审查部分，实现快速机审与人工审查协同配合。提供三维浏览、自动审查、手工辅助审查、自动出审查报告等功能。

（2）施工图三维数字化审查系统与 CIM 基础平台衔接。探索施工图三维数字化审查系统与市"多规合一"管理平台顺畅衔接，在应用数据上统一标准，在系统结构上互联互通，在"多规合一"管理平台上实现对报建工程建设项目 BIM 数据的集中统一管理，

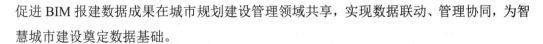

促进 BIM 报建数据成果在城市规划建设管理领域共享，实现数据联动、管理协同，为智慧城市建设奠定数据基础。

2. 构建基于 BIM 的施工质量安全管理和竣工图数字化备案系统

实现竣工验收备案功能。建立覆盖施工图三维模型、工程建设过程三维模型的项目建设信息互通系统，实现施工质量安全监督、联合测绘、消防验收、人防验收等环节的信息共享，探索实现竣工验收备案。

8.1.2.5　开发基于 CIM 的统一业务办理平台

在 CIM 基础平台的基础上，结合实际业务需要，开发基于 CIM 平台的统一业务办理平台，包括统一集成应用系统、房屋管理应用、建设工程消防设计审查和验收应用、城市更新领域应用、公共设施应用、美丽乡村应用、建筑行业应用、城市体检应用、建筑能耗监测应用和系统对接。

8.1.3　CIM 平台亮点

8.1.3.1　标准成果

1. 数据标准

1）低标准、广覆盖

以"低标准、广覆盖"的编制思路解决 CIM 数据种类繁杂的问题，使各类 CIM 数据统一组织、分类、编码方法、存储方式、数据结构标准、数据共享与交换标准等。

2）从标准层面保障数据的现势性

以工程建设项目四阶段数据为核心业务数据，利用规划、设计、施工和竣工核心业务驱动保证模型数据的现势性，既服务于工程建设项目审批改革，又为智慧城市其他领域深化应用奠定了宽泛的数据基础，可根据实际情况进行扩充和完善。

2. 基础平台技术标准

1）正名定位

CIM 基础平台是智慧城市的基础，是定位于整个城市的平台，由政府主导建设。

2）搭框架明范围

CIM 基础平台框架图如图 8-1 所示。

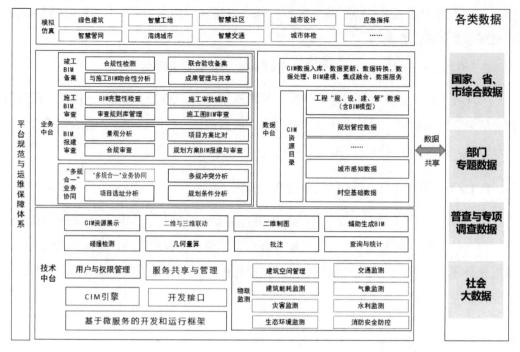

图 8-1　CIM 基础平台框架图

3）定基础促共享

明确 CIM 基础平台与现有时空信息平台、"多规合一"信息平台等的衔接关系，支撑各专业审批与应用系统等（1+N），促进二维信息与三维信息的共享应用。CIM 基础平台与其他系统的关系如图 8-2 所示。

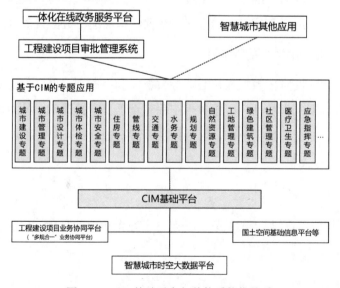

图 8-2　CIM 基础平台与其他系统的关系

4）一脉相承

延续"多规合一"（工程建设项目业务协同平台）至 CIM1.0（支撑工改），到 CIM2.0 智慧城市应用，到 CIM+社会化应用。CIM1.0 和 CIM2.0 功能组成如图 8-3 所示。

图 8-3　CIM1.0 和 CIM2.0 功能组成

3．CIM 平台汇聚 BIM 数据

1）与广州市的特色结合

主要元素选用遵循 GB/T 51301—2018《建筑信息模型设计交付标准》，针对广州市 BIM 项目具体特色，共同确定在项目各阶段选用的构件，满足 CIM 平台的展示应用需求，也确定了施工图审查的必要构件。

2）定义各级 BIM 构件及信息标准

从 BIM 与 CIM 平台对接标准建设出发，进行广泛的调研、咨询、论证，制定满足各方需要的统一 BIM 几何特征和非几何参数标准，供各应用方在相同的几何特征和非几何参数标准下进行模型创建。

3）适配标准的插件——实用、落地

BIM 设计汇交插件是一款基于 Autodesk Revit 平台运行的辅助性插件，集标准运维、快速设计、形式检查、分块导出等功能于一身，能极大地方便设计师依据交付要求设计符合 BIM 数据汇交的模型。软件不仅能提高建模效率，降低模型缺漏比率，减小建模复杂性，同时能提高模型完整性与合规性。

插件支持分专业导出成多种三维模型格式，为 CIM 平台应用与共享提供重要的支撑。BIM 设计汇交插件界面示例如图 8-4 所示。

图 8-4　BIM 设计汇交插件界面示例

8.1.3.2　CIM 平台成果

1. 平台数据管理

1）高效的图形引擎和城市级 CIM 数据驱动

CIM 平台基于高效安全的三维引擎，创新融合了二维与三维 GIS、BIM 和物联网数据，构建了多源异构的 CIM 数据体系；同时基于云服务及微服务架构构建了城市级大规模 CIM 数据引擎。高效的图形引擎能驱动城市级 CIM 数据，实现在平台上管理与展示海量的二维与三维 GIS、BIM 及物联网数据。

2）三维模型与信息全集成

CIM 平台能够结合各个部门的动态数据，并挂接到三维模型。用户可根据自身业务的需要挂接不同的信息，实现物联网感知数据、公共专题数据、业务数据等与三维模型的关联。

2. 平台基础能力

1）二维与三维一体的可视化分析能力

CIM 平台实现了宏观、中观、微观等不同维度的分析，包括二维与三维缓冲区分析、叠加分析、空间拓扑分析、视廊分析、天际线分析、绿地率分析、日照分析等。用户可以利用白模渲染的方式来分析某个区域的用水用电情况、房屋结构情况等。

2）模拟仿真能力：数字城市试错、物理城市执行

CIM平台汇聚了各种数据后，结合算法、模型、人工智能等，实现从建筑单体、社区到城市级别的模拟仿真。例如，模拟城市发生降雨，结合降雨强度和地形地貌，及河道、管线道路上装的各种传感器，可以对特定区域的不同淹没深度所影响的范围进行模拟分析，实现防涝预警，为相关决策提供支持。

3）物联网设备接入能力

将各类建筑、交通工具、基础设施等的传感设备，以及城市运行、交通出行等动态数据全面接入，如将桥梁的各种监测设备数据接入并显示在屏幕上，包括环境监测（温度、湿度、风速等）、变形监测（沉降、水平位移等）、应力应变监测（混凝土结构表面、内部应变等）。通过物联网设备的接入，实现对城市运行状态监控及达到直观呈现的效果。

8.1.3.3 CIM行业应用

基于BIM的计算机辅助审查能力建设CIM平台，实现BIM技术在工程建设项目规划报建、设计方案报审、施工图审查及竣工验收备案四个阶段的计算机辅助审批，为项目审批提质增速，改善营商和创新环境。

在规划条件和方案审查、项目策划生成的阶段优化审批流程，规划技术审查标准，促进CIM平台的建设应用；在建筑设计方案报审阶段，通过CIM平台实现三维电子报批，形成智能化报建工具集；在施工图审查阶段，基于CIM平台就施工图中的刚性指标实现计算机辅助审查，实现施工图的三维数字化审查；在竣工验收备案阶段，实现施工与竣工BIM的差异比对，自动将竣工验收资料（质量/安全等领域）与竣工BIM相关联，展示审查结果并智能化出具联合验收报告。

8.2 特大城市CIM平台设计案例

特大城市CIM平台以试点城市南京市为例进行介绍。

8.2.1 建设需求

《住房和城乡建设部办公厅关于开展城市信息模型（CIM）平台建设试点工作的函》要求，试点城市政府要以工程建设项目三维电子报建为切入点，在"多规合一"的基础上，建设具有规划审查、建筑设计方案审查、施工图审查、竣工验收备案等功能的 CIM 平台，精简和改革工程建设项目审批程序，减少审批时间，探索建设智慧城市基础平台。2018 年 11 月，住房和城乡建设部给南京市政府下发了《住房城乡建设部关于开展运用建筑信息模型系统进行工程建设项目审查审批和城市信息模型平台建设试点工作的函》（建城函〔2018〕222 号），南京市和雄安新区、北京城市副中心一同被列为运用 BIM 系统和 CIM 平台建设的试点。试点要求完成"运用 BIM 系统实现工程建设项目电子化审批审查""探索建设 CIM 平台""统一技术标准"，为"中国智能建造"提供需求支撑等任务。为了加快推进南京市 BIM/CIM 试点工作，2019 年 8 月南京市人民政府办公厅正式印发了《运用建筑信息模型系统进行工程建设项目审查审批和城市信息模型平台建设试点工作方案》（以下简称《试点工作方案》），明确了"以'多规合一'信息平台为基础，集成试点区域范围地上、地表、地下的现状和规划数据，建立具有规划审查、建筑设计方案审查、施工图审查、竣工验收备案等功能的三维可视化的 CIM 平台"的工作目标，为南京市进一步探索建设智慧城市基础性平台提供了重要依据。

以《试点工作方案》为建设指引，利用大数据、云计算、BIM、CIM 等技术创新和实践，以南京市"多规合一"信息平台为基础，通过试点范围各类覆盖地上、地表、地下的现状，规划和建设数据的集成，接入城市运行大数据，探索构建集数据展示与管控、辅助决策分析、自动化审批审查功能于一体的南京市 CIM 平台，并与现有相关业务系统无缝衔接，作为掌控城市全局信息和空间运行态势的重要载体，为城市规划、建设、管理和智慧城市提供支撑，推动城市规建管全流程决策智能化、科学化，引领新型智慧城市建设，推进城市空间治理现代化。

8.2.2　建设内容与成效

8.2.2.1　CIM 标准规范和数据库建设

依据项目总体设计，结合南京市需求，梳理 CIM 核心要素，围绕 CIM 平台建设，研究制定相关规范。依据数据标准，消除数据壁垒，实现基础地理信息、地下管线、地下空间、现状建筑、城市地质、城市设计、"多规合一"、BIM 报建模型和城市建设审批管理要素等时空信息的有效组织，构建 CIM 数据库，研发数据服务管理系统，服务管理系统与时空信息云平台对接并将相应服务纳入时空信息云平台进行管理，实现数据的日常更新和服务维护。

8.2.2.2　南京市 CIM 平台建设

采用开放可扩展的技术架构，以"多规合一"信息平台为基础，探索构建一个全域、全空间、三维可视化、附带丰富属性信息的 CIM 平台，作为掌控城市全局信息和空间运行态势的重要载体，实现各类覆盖地上、地表、地下的现状和规划数据的集成与展示应用，完成南京市 CIM 平台与市工程建设项目审批管理等相关业务系统的无缝衔接；探索 BIM 导入 CIM 的机制，实现依托 CIM 平台，对工程建设项目 BIM 报建成果实施关键条件、硬性指标的智能审查，降低人为因素干扰，提升决策管理的科学性和精准度，开拓工程建设项目智能审批新局面。

8.2.2.3　相关系统改造和集成对接

结合工程建设项目 BIM 规划报建试点工作，对南京市第四代规划信息平台实施改造和对接，实现试点项目和一般性项目同步同轨运行，使试点项目可引导启动 BIM 系统进行数据浏览、指标上传等常规性操作；完成试点项目自动提请 CIM 平台进行智能化审查审批，同时 CIM 平台能将审查结论反馈至南京市第四代规划信息平台，实现双向触发和交互。完成"多规合一"空间信息管理平台系统的改造及与 CIM 平台的对接。对"多规合一"信息管理平台图形框架和应用功能进行升级改造，实现 CIM 平台数据集成接入，同时为 CIM 平台提供相关数据和应用服务。

8.2.3　CIM 平台亮点

8.2.3.1　标准与数据体系

1. 标准体系

针对 CIM 平台标准体系缺失问题，立足特大城市 CIM 平台标准化需求，构建一套面向特大城市的 CIM 平台标准体系。研究 CIM 平台标准体系的参考模型，基于系统论、顶层设计思维等方法论，运用"A-C-R-E-O"循环法[分析（Analyzing）、编制（Compiling）、运行（Running）、评价（Evaluating）、优化（Optimizing）]、UML 建模语言等技术手段，充分考虑未来动态优化与迭代升级的开放兼容能力，首次构建了理论科学、层次清晰、分类合理的三大层次（基础层、通用层和应用层）共 8 大类 42 小类的 CIM 平台标准体系框架，制定了全面成套且面向特大城市的 CIM 平台标准体系，内容涵盖 CIM 平台数据采集、生产、数据建库及更新、CIM 平台服务及运维等，为 CIM 平台建设提供规范、指引和预测。

实施标准体系和标准成果城市级应用实践，实施面向特大城市标准体系构建，促进全流程、全生命周期、全空间、全要素、BIM 构件级的系列标准的编制、应用、验证与完善，并将研究成果推广形成行业标准和国际标准。标准成果被全球第一个 CIM 国际标准《用例收集和分析：智慧城市 城市信息模型》（IEC SRD 63273）采用；标准规范体系及数据标准成果已被住房和城乡建设部纳入《城市信息模型（CIM）基础平台技术导则》《城市信息模型基础平台技术标准》《城市信息模型数据加工技术标准（征求意见稿）》《城市信息模型平台建设工程规划报批数据标准（征求意见稿）》《城市信息模型平台建设用地规划管理数据标准（征求意见稿）》。

2. CIM 数据标准

制定了城市地上、地表、地下全空间，物理实体全要素，BIM 构件全覆盖的 CIM 数据标准。将城市地上（气象等）、地表（土地、建筑等）、地下（管廊、矿产等）等基础设施和空间资源全面数字化，创建了全空间一体的 CIM 数据结构；涵盖建筑、交通、植被、水系、城市设施、管线等全要素物理实体类型，制定了数字空间与物理空间一一映射的全要素数据分类；结合不同应用领域对实体对象精细程度的需求，标准还支撑了墙、门、窗等内部构件在数字空间的分层次呈现和表达。实体通过统一标识编码进行索引，实现了数据调用和更新操作。

CIM 数据标准研究了"用地规划—用途管制—建设管理—产权登记—体检评估"全链条、宏观到微观的数据内在联系，设计了一套从城市用地到建筑构件的多层次分类编码技术方法，构建了"用地—场地—建筑—空间—构件"五级功能联动的 CIM 数据分类编码体系，为信息互联互通、业务前后联动、政务协同管理打下基础。

3. CIM 分级数据体系

CIM 分级数据体系首次明确定义了二维和三维一体的 CIM 分级数据体系，根据不同的应用目的，将 CIM 数据划分为 24 级精细度、9 大类数据模型与 7 大类数据。

从存储、管理、分析、可视化和服务发布等方面全面整合二维空间信息、三维模型和 BIM 数据，规定三维模型建立多层次 LOD 表达，采用金字塔式分级管理的方式，将电子地图瓦片数据分级从 20 级扩展至 24 级，增加项目级 BIM、功能级 BIM、构件级 BIM 和零件级 BIM 表达。其中，三维模型依据不同的侧重表达需求划分为 4 级精细度，可通过 GIS 数据生成、人工建模等方式实现。CIM 数据融合了电子地图、正射影像、地形等基础地理数据，以及 BIM、建筑白模、精模、倾斜摄影、激光点云等三维数据，构成了二维和三维一体的 CIM 数据体系，支撑了 CIM 基础平台融合二维和三维空间业务属性信息的能力。

CIM 数据体系成果已由住房和城乡建设部纳入《城市信息模型（CIM）基础平台技术导则》《城市信息模型基础平台技术标准》《城市信息模型数据加工技术标准（征求意见稿）》。

BIM 数据可高精度地表达城市建筑对象，包括建筑外廓、功能空间、内部构件等，CIM 平台融合了电子地图、正射影像、三维地形等基础地理数据；融合了 BIM、建筑白模、精模、倾斜摄影、激光点云等三维数据，构成了二维和三维一体，地上、地表、地下衔接，室外、室内连通，历史现状规划共存的多源多尺度全空间"城市空间数字底版"，实现了对城市空间细节的精准刻画。

针对不同来源的数据，实现不同空间尺度数据的组织管理，从不同范围表达了城市空间形态。电子地图、正射影像等基础地理数据可在大尺度的场景中表达全市的地形地貌，基于精模工艺制作的覆盖全市的建筑白模数据可在中尺度的场景中表达城市的建筑形态，精模、倾斜摄影、激光点云数据适合在中小尺度的场景中精确表达城市建筑形态及建筑色彩，而 BIM 数据可在小尺度场景中精准地表达建筑单体及其内部构件。除此之外，对城市规划、城市设计、建筑和产权空间、轨道交通、市政道路、地下管线、地下空间、地质等数据的集成，使得 CIM 平台融合了城市全空间信息的数据。

为了解决海量数据汇集及全覆盖的问题，基于项目研发成果中的图片压缩技术、三维数据重组技术、人眼视觉特性的建筑白模制作技术等对数据进行治理，为用户提供艺术和性能结合的"城市空间数字底版"，既保证了城市底版的完整性，又降低了建模成本。

同时，CIM 平台以智慧城市为目标，在"城市空间数字底版"的基础上接入了城市用电等能耗数据，环境雨情等监测数据，城市监控视频、物联网监测等动态数据，为"城市空间数字底版"注入了"血肉"，共同搭建了"CIM 全息底版"。

为了在静态的 CIM 场景中融入城市的动态信息，利用项目研发成果中基于启发式算法的多路视频与 CIM 场景自动融合技术，实现多路实时视频与 CIM 场景融合及相邻摄像头实时视频的无缝衔接，得到了一张动态的全息底版。

8.2.3.2　CIM 平台成果

南京市研究了一源三维数据多种服务发布技术，开发了南京市 CIM 基础平台，为适应智慧城市应用需要，将 CIM 平台的三维数据发布成多种三维服务，满足基于不同三维引擎构建的系统调用需求。通过构建三维数据转换及服务发布公共组件，在组件中集成 IFC、RVT、OBJ、OSG、FBX、3D Max 等格式的模型转换程序和 I3S 格式、3DTiles 格式、S3M 格式的三维服务发布程序，并对外提供统一的调用接口，在此基础上开发了南京市 CIM 基础平台（简称平台），用户只要通过平台上传模型数据，平台便会调用公共组件的接口来实现模型格式自动转换及 I3S、3DTiles 等多种格式的三维服务自动发布。

8.2.3.3 CIM 行业应用

1. 城市建设全生命周期管理

南京市 CIM 平台拓展了城市建设全生命周期管理流程，建立了基于 CIM 平台的空间管控传导机制。

在原有的立项用地规划许可、工程建设许可、施工许可、竣工验收四个阶段的基础上引入了不动产登记和运营两个阶段，将城市建设全生命周期管理流程扩展为六个阶段，以满足城市规划、建设、管理活动及运行与服务、维护与优化、升级与更新等更长周期城市治理活动和过程的联动需要，可以更好地实现城市建设全过程的前后衔接、部门协同、信息互通，减少相关工作的内耗和内部阻滞，保证城市建设全生命周期的协调一致、高效运转。

南京市 CIM 平台构建了"用地—场地—建筑—空间—构件"五级空间管控体系，结合扩展后的全生命周期管理流程，利用 NJM 格式可以辅助实现工程建设项目 BIM 数据全过程无缝流转的能力，建立了基于 CIM 的空间管控传导机制。以 CIM 为载体，将用地、场地、建筑、空间、构件等空间管控要求贯穿工程建设项目审批全生命周期各个环节，逐级传导，相关审批部门协同校核落实。

2. 数字城市模拟

通过数字孪生城市来管理现实的物理城市，将物理城市的业务规则、管理手段等转变为数字孪生城市的算法、模型，结合大数据、云计算、人工智能等信息技术，可以在数字空间对城市治理方案进行不限次数的模拟仿真试错，找到最优解，然后在物理世界执行最优方案，避免在物理世界中为试错付出高昂的成本，实现更精细、更高效、更智能的城市治理。

将建筑设计方案导入 CIM 基础平台，可以实现天际线分析、日照分析、视线分析、控高分析、贴线率分析等，快速精准判断建筑设计方案是否符合要求。在 CIM 基础平台中集成构件级历史建筑，实现历史建筑的数字孪生，并整合历史建筑的构件、结构、残损、修缮等信息，完成历史建筑价值部件精准数字化，实现历史建筑全方位精细化管理，加强了历史文化资源保护与传承。

8.3　中小城市 CIM 平台设计案例

中小城市 CIM 平台以河北省廊坊市为案例。

8.3.1　建设需求

廊坊市 CIM 平台建设以工程建设项目三维数字报建（BIM 报建）为切入点，汇聚各类基础数据，承载城市公共管理和公共服务，建设智慧城市操作系统，为城市设计、智慧招商、智慧建造、智慧工地、智慧交通、智慧环保、智慧园林绿化等提供支撑，从而提高城市精细化管理水平。总的来讲，本项目一方面要推进 BIM、CIM 技术在工程建设项目全流程及全覆盖的应用，实现机器辅助审批，减少审批过程中的人工干预，为项目审批提质增速，建设智慧城市的基础平台；另一方面要逐步推进 BIM、CIM 技术在社会管理领域的应用，实现数字孪生城市的创新发展。

8.3.2　建设内容与成效

8.3.2.1　CIM 平台标准规范建设

厘清临空经济区（廊坊）城市信息模型核心要素，建立数据资源目录体系，从数据定义、获取、接入、处理、转换、存储、安全管理等方面思考 CIM 的数据架构，提出数据存储和资源共享方案，设计数据更新机制，制定 BIM 数据轻量化方案，解决数据存储、备份、安全管理、访问效率等问题，结合实际情况，有针对性地制定《CIM 基础平台应用规范》《CIM 基础平台数据标准》《城市设计数据入库规范》《规划报建建筑 BIM 汇交规范》《规划报建市政 BIM 汇交规范》《施工建筑 BIM 汇交规范》《施工市政 BIM 汇交规范》《竣工阶段建筑 BIM 汇交规范》《竣工阶段市政 BIM 汇交规范》等标准，支持 CIM 平台稳定、可靠运行。

8.3.2.2　CIM 平台数据库建设

CIM 平台主要涉及基础时空数据、资源调查与登记数据、规划管控数据、工程建设项目数据、公共专题数据、物联网感知数据等数据资源。

1. 数据库建设内容

数据库建设内容包括二维数据、三维数据、BIM 数据和物联网大数据。二维数据主要包括目前常见的 GIS 二维数据，分为矢量数据和栅格数据。三维数据包括精细化建模数据、城市白模数据、地下管线数据、地下空间数据等。BIM 数据包括规划报建 BIM 数据、设计方案 BIM 数据、施工 BIM 数据、竣工 BIM 数据等。物联网大数据包括 POI、手机信令、企业法人和其他城市管理领域大数据。

2. CIM 平台相关数据专项治理

CIM 平台专项治理数据类型包括手工建筑三维模型、BIM、倾斜模型、地质、地下空间、审查审批管控要素等数据。通过专项三维数据治理工具及服务工作进行数据接入、清洗、整合、优化及服务分发工作。数据治理要求平面坐标系采用 2000 国家大地坐标系，高程系统采用 1985 国家高程基准；实现原始数据到通用数据格式的转换，在转换过程中同时支持数据轻量化能力；在进行数据优化时，实现针对数据轻量化的优化处理，轻量化数据不存在结构丢失；轻量化数据纹理显示正常、无马赛克等情况；轻量化数据 LOD 分级合理清晰。成果数据的格式为三维通用标准数据格式（I3S、3DTiles、OSGB 等），能够被主流地理信息系统平台正确加载显示；数据优化成果满足超大体量的三维模型的应用要求，支持亿级以上的三角面、千万级以上的 BIM 构件流畅加载和调用；数据优化成果满足在同一可见场景内，支持 6 000 万以上三角面模型的高效浏览，支持 100 万以上构件数量的 BIM 高效浏览的要求；针对处理后的三维数据的服务进行日常管理。

8.3.2.3　CIM 基础平台建设

1. CIM 数据引擎

CIM 数据引擎利用轻量化技术和 LOD 技术实现海量数据的加载和显示，实现地上地下、室内室外的浏览。专业表达二维数据、三维数据、BIM 数据、物联网大数据等多源数据。支持二维及三维一体化的展示，支持多屏对比和联动。支持三维视频融合。建成后的数据引擎应支持海量二维数据及多源三维数据的同步加载、浏览、编辑、分析和输出，同时具备多种地理分析工具和建模工具，支持丰富的三维可视化效果。

2. 数据管理子系统

数据管理子系统通过提供模型轻量化、模型数据管理、数据建库入库、数据生成及编辑扩展等功能模块，实现对 CIM 平台数据的管理，分为空间数据管理和数据服务管理。模型轻量化功能主要包括模型导入、坐标投影定义、数模分离、参数化几何描述等轻量化功能。模型管理功能主要包括模型检查、数据查询、发布、预览、导出等功能。数据建库入库功能包括元数据管理、数据源管理、数据符号库管理、数据管理、业务数据表关联管理、字段配置管理和数据资源目录管理功能。数据生成及编辑扩展实现服务发布、站点管理、服务注册、服务验证、服务配置、服务查询、服务编辑和服务扩展功能。

3. 运维管理子系统

运维管理子系统用于管理整个 CIM 基础平台及各业务应用的运行数据，提供统一单点登录与安全认证，统一授权管理，用户、部门、角色管理，用户行为日志管理，招商信息管理，工程建设项目审批流程管理，基于 BIM 的辅助审批系统后台管理等功能。

4. 数据模拟与分析模块

数据模拟与分析模块基于二维地图、三维模型、BIM 等数据，提供建筑分析、地块分析、界限分析、视觉分析、地形分析、道路分析、BIM 分析等数据分析和模拟功能，为城市设计提供模拟分析，为工程建设项目各个环节的审批提供辅助决策。

5. 移动应用模块

移动应用模块用于支撑移动端各类应用的开发，提供适配移动端的 CIM 浏览、用户登录对接、数据漫游、数据属性查看、模型批注、模型多角度浏览剖面布局、模型测量工具等支持功能。

8.3.2.4　基于 BIM 的报批审查系统建设

1. 基于 BIM 的规划报批审查系统建设

基于 BIM 的规划报批审查系统在规划条件审查、规划方案审查和项目策划生成等阶段，通过 CIM 平台优化审批流程，基于 BIM 规范技术审查标准，推动"机审辅助人审"，主要功能包括规划条件生成、规划智能审查、建立风险规则库。

2. 基于 BIM 的设计方案报批审查系统建设

基于 BIM 的设计方案报批审查系统在建筑设计方案审查阶段，通过 CIM 平台实现基于 BIM 的报批，形成窗口端、审批端智能化报建工具集，建立差异化分类审批管理制度，初步实现设计方案审查"机审辅助人审"，主要功能包括窗口收件端智能审查、审批端智能审查、审批端智能化管控。

3. 基于 BIM 的施工图报批审查系统建设

基于 BIM 的施工图报批审查系统在施工图审查阶段，通过 CIM 平台开展施工图 BIM 审查，就施工图中部分刚性指标实现计算机辅助审查，减少人工干预，实现快速机审与人工审查协同配合，主要功能包括智能审查引擎、规范条文拆解及规则库编写、项目管理、辅助审查及批注、规范检索、审查报告自动生成。

4. 基于 BIM 的竣工图数字化备案辅助系统建设

基于 BIM 的竣工图数字化备案辅助系统在竣工验收阶段，通过 CIM 平台实现施工 BIM 与竣工 BIM 的差异比对，自动将竣工验收资料（质量/安全等）与竣工 BIM 相关联，简单明了、方便快捷地展示审查结果并智能化出具联合验收报告（规划/土地/消防/人防/档案），主要包括竣工 BIM 登记、BIM 对比、现场验收 BIM 浏览、验收资料 BIM 关联与档案管理、电子档案归档等功能。

8.3.2.5 基于 CIM 的应用平台建设

1. 基于 CIM 的统一业务办理平台

用户可在业务办理平台中注册基于 CIM 的各应用系统信息，业务办理平台为内部用户提供统一的门户入口，对集成的应用系统根据权限使每个业务办理人员都是一站式登录统一门户，但业务办理人员看到的权限模块不同，从而达到统一门户、统一登录、集中管理、每个人应用场景个性化的目的。其中，工程建设项目审批管理系统应当具有统一受理和并联审批等功能，融合 4 个基于 BIM 的报批审查系统，帮助用户实现工程建设项目审批的收件、审查、统一发件、项目审批办理等需求。

2. 基于 CIM 的三维城市设计系统

三维城市设计系统具有面向三维规划领域，可辅助模拟对比城市设计方案的专业应用系统，主要功能包括漫游浏览、基础工具、辅助分析、查询统计、项目管理、模型编辑等。

3. 基于 CIM 的综合展示系统

综合展示系统基于 CIM 三维场景，可提供基本浏览、剖切、通用工具、截屏录屏等功能，汇聚各类专项应用数据，能够进行大屏和领导驾驶舱等综合展示。

4. 基于 CIM 的智慧招商系统

智慧招商系统基于 CIM 基础信息平台，可对区域内的招商资源、招商项目基础信息进行全面梳理，实现政务、新闻资讯等招商信息综合展示，以及基于 CIM 各类数据的经济区漫游和智慧选址分析等功能，提供招商咨询平台。

5. 基于 CIM 的移动应用管理系统

移动应用管理系统基于 CIM 基础平台，可满足用户在移动端浏览 CIM 数据、随时随地纵览全局和基础办公等需求，主要功能包括智慧招商、移动办公和领导驾驶舱等模块。

8.3.3　CIM 平台亮点

8.3.3.1　编写数据资源存储方案

CIM 平台对于数据的存储主要分为两种：一种是关系型数据；另一种是非关系型数据。非 GIS 数据和二维 GIS、三维 GIS、BIM 的要素数据被存储在关系型数据库中；三维 GIS、BIM 数据的瓦片数据被保存在非关系型数据库中，以提高瓦片数据的访问速度；遥感影像、电子地图的瓦片数据被保存在硬盘里。

8.3.3.2　确定数据更新机制设计

平台数据主要通过两种方式获得；一种是接入其他平台/系统的数据服务；另一种是本次项目整理建设的数据，如倾斜摄影、规划报建 BIM 数据。

对于接入其他平台/系统的数据服务，由数据权属单位负责更新与版本管理。

对于本次项目整理建设的数据，通过 CIM 基础平台的服务管理子系统进行更新和版本管理。其中，倾斜摄影数据更新频率根据数据采集情况而定；BIM 采用单体单栋逐步补充更新到 CIM 平台的方式，更新频率按项目报建、审查的实际进展而定。

项目进入质量保证期（免费维护期）后，安排专业的技术人员及时更新维护数据，确保项目质量。

其他更多数据更新规则遵循《CIM 平台建库数据标准》要求。

8.3.3.3 统一门户入口，实现集中式管理、个性化应用

在基于 CIM 平台的统一业务办理平台中注册基于 CIM 平台的各应用系统信息，可为内部用户提供统一的门户入口。CIM 平台集成的应用系统根据权限实现每个业务办理人员都是一站式登录统一门户，但看到不同的权限模块，从而达到统一门户、统一登录、集中管理、每个人应用场景个性化的目的。

8.4 园区级 CIM 平台设计案例

园区级 CIM 平台以广州市黄埔区知识城为案例。

8.4.1 建设需求

园区级 CIM 平台以工程建设项目三维数字报建（BIM 报建）为切入点，在"多规合一"基础上，汇聚四标四实（"四标"指标准作业图、标准地址库、标准建筑物编码、标准基础网格；"四实"指实有人口、实有房屋、实有单位、实有设施）等基础数据，最终建设具有规划审查、建筑设计方案审查、施工图审查、竣工验收备案等功能的 CIM 基础平台，并在此基础上承载城市公共管理和公共服务，为城市设计、智慧招商、智慧交通、智慧市政、海绵城市、土地储备等提供支撑，提高城市精细化管理水平，建设智慧城市操作系统。

总体来讲，园区级 CIM 平台一方面要推进 BIM、CIM 技术在工程建设项目全流程和全覆盖的应用，实现计算机辅助审批，减少人工干预，为项目审批提质增速；另一方面要逐步推进 BIM、CIM 技术在社会管理领域的应用，建设智慧城市的基础平台，实现依托数字孪生城市的创新发展。

8.4.2 建设内容与成效

总项目建设内容包括建设一套 CIM 平台标准规范体系、建设一组 CIM 数据库、建设一个 CIM 基础平台并完成数据入库、建设基于 BIM 进行三维数字化审查的系统、建设基于 CIM 应用平台的七个智慧应用、建设知识城 CIM 大屏。

总体规划内容具体包括以下几点。

（1）一套 CIM 平台标准规范体系。

（2）一组 CIM 数据库。

（3）一个 CIM 基础平台。

（4）对 123km² 辖区进行现状三维建模。

（5）四个基于 BIM 模型的三维数字化审查系统：基于 BIM 的规划审查系统、基于 BIM 的建筑设计方案审查系统、基于 BIM 的施工图审查系统、基于 BIM 的竣工验收备案系统（施工图审查系统、竣工验收备案系统复用市级平台）。

（6）基于 CIM 应用平台的七个智慧应用：智慧水务、智慧招商、智慧城建、智慧房屋安全管理、智慧市政、智慧交通、智慧土地储备。

（7）建设一个智慧城市体验中心大屏展示系统。

8.4.3　CIM 平台亮点

8.4.3.1　扩展 CIM 大屏业务数据和业务系统的对接

基于中新知识城 CIM 大屏，接入工程建筑数据、水电数据、市政基础设施数据等信息数据，与相关业务系统对接，形成具有全信息展示、实时监控、指挥调度的应用大屏。

基础的台账数据：道路、房屋建筑、公交站、路灯、停车场等设施，在生命全周期内的信息、审批事项等数据都集中统一管理，统一查看，全信息展示。

根据中新知识城的业务系统情况，业务数据与 CIM 大屏进行对接。例如，视频监控系统接入高点监控视频，实时监控知识城范围内的整体情况；接入市政维修设备，支持人员定位、维修情况拍照上传等，着力提高大屏的实时监测、指挥调度水平，把握城市整体运营情况。

8.4.3.2　扩展知识城 CIM "1+N" 的智慧应用建设

基于一个中新知识城 CIM 平台，打造覆盖建筑、交通、水务、商务、应急、消防、工信、园林绿化、产业、疫情防控、卫生等领域的业务应用，着力打造开放共享的 "1+N" 体系，营造智慧城市应用生态。

8.4.3.3　推动知识城新行业及技术发展

通过建设知识城 CIM 平台，带动其他高新技术产业协调发展，提升园区的创新水平和经济效益。

1. BIM 产业

以装配式建筑、智能建筑为重点，开展"BIM/CIM 技术应用产业研究"，助推知识城建筑产业升级。

2. 新能源汽车及无人驾驶

利用 CIM 平台规划监管汽车充电桩布点、无人驾驶汽车路面感知器布点、停车场、行车道路等，通过 CIM 平台地图数据帮助无人驾驶算法进行模拟学习，推动新能源汽车、无人驾驶汽车行业的发展。

3. 新基建

利用 CIM 平台可实现一张图规划设计、建设管理、运营监控，包括 5G 基站建设、特高压、城际高速、轨道交通、新能源汽车充电桩、大数据中心等领域，推动新基建产业发展。

4. ICT 行业

数字孪生城市自被提出以来，吸引了 ICT 产业界（信息通信产业）的广泛关注，成为技术创新和业务拓展的重要方向。各类企业依托自身优势加紧布局，抢占市场先机，同时不断推出 CIM 相关的技术方案。

8.4.3.4　提升知识城的服务水平

在完善 CIM 平台及其他智慧应用的同时，提升基于 CIM 平台的二次开发与公共服务能力，推动数据开放共享，使得其他企业和单位能利用 CIM 平台的数据和功能，形成相关软件应用生态，服务社会和市民。

第9章

总结与展望

9.1 CIM 平台建设难点与措施

9.1.1 CIM 数据采集与更新

数据采集与更新的困难主要体现在 CIM 数据构成的 6 大门类散落在各个政府部门，以规划、国土为主，管理分散，有一些数据业务驱动，还有一些数据需要周期性调查如时空基础数据、规划管控数据。公共专题数据、一标三实数据不同部门分管，导致数据汇聚与采集有困难。

9.1.1.1 数据同步更新机制

加强数据全面汇聚、融合联通、业务驱动、动态更新，促进信息互通共享，建立分布式存储、分工维护、有机集成、及时汇交、统一共享、安全可控和泛在服务的数据管理和应用机制，按照"谁生产、谁负责"的原则，建立横向跨业务跨行业协同，纵向市与区两级联动的数据双向共享与更新维护机制。

数据存储采用数据中心的方式，分为市数据中心和区数据中心，其中市数据中心数据存储在市局机房或政务云中，采用"逻辑集中、物理分离、服务共享"方式；区数据中心数据分布存储在各区机房或区政务云中，采用"物理集中、数据汇交、服务调用"

的方式。

更新频率低的时空基础数据由市统一更新维护，并通过时空信息云平台对外提供（政务版、公众版）在线服务，原始数据（25km^{2}内）符合保密要求后授权可在政务内网下载。

更新频率低的规划编制成果由各区通过多规合一平台在线提交编制成果，在线审查后以服务形式共享调用（审批的依据）。

时效要求高的工程建设项目数据、调查评价、公共专题、监督监管及业务管理等数据，由各区动态更新维护并自动同步汇交至市平台。市级审批项目成果数据也逆向同步至区分局。

9.1.1.2　数据更新频次与方式

从数据更新频次角度，工程建设项目数据、业务管理数据、监督监管数据随业务办理实时更新，规划管控数据随批复版本按需更新，时空基础数据、资源调查数据、公共专题等其他数据按需更新。

从数据更新方式角度，主要存在手动定期/不定期更新、自动动态更新两种，不同的数据需要采用不同的更新方式：

（1）针对以项目形式产生的数据或以年度方式产生的数据，建议采用手动定期/不定期更新方式；

（2）针对随业务审批产生的业务数据，建议采用自动动态更新方式随审批自动更新。

9.1.1.3　研发数据更新配套软件工具

充分考虑国内城市各单位现有信息化建设基础，在"集中统一共享、分层分级管理"理念指导下，提出各局属单位与市局空间数据同步的思路——广度优先与深度兼顾，即充分考虑局数据资源目录（业务版和共享版）的广度，同时兼顾局各单位业务应用的深度需求，建立统一空间数据更新平台，打通空间数据从生产、汇交到更新的路径。

根据局各单位信息化和数据建设现状分析，采用"用户驱动的按需同步更新"思路，即按照同步更新的数据类型和不同用户对数据应用需求的差异，在统一空间数据更新平台上提出不同的解决方案，达到满足空间数据同步更新的目的。同时建设空间数据更新监管系统和质量评估系统，确保更新数据的完整性、规范性、一致性、准确性、唯一性和关联性，为局空间数据库的建设提供进一步支撑。

对于数据更新过程中的数据冲突、数据重复等问题，可通过基于自定义约束规则进行空间冲突检测与处理、构建空间冲突检测模型与规则等，解决多源数据空间冲突检测与更新问题。

9.1.1.4 CIM 数据全周期串联

系统性梳理 CIM 数据的演化、关联关系，形成如图 9-1 所示的 CIM 数据治理关系图。

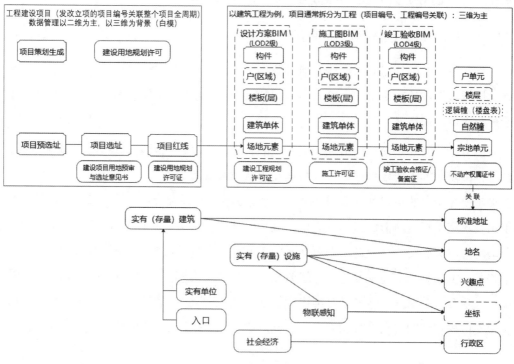

图 9-1 CIM 数据治理关系图

以建筑工程项目为例，笔者梳理了新增建筑从工程建设项目策划生成到竣工验收全周期数据的演化，以及与不动产数据的串接关系；存量建筑采集数据与标准地址、地名、实有单位、人口等数据的关联关系，存量设施采集数据与物联感知、地名、兴趣点等数据的关联关系。

对工程建设项目在不同业务阶段的演绎过程进行全周期管理，主要以项目代码为抓手，对工程建设项目审批 BIM、审批业务数据等进行项目化串接，在项目策划生成和立项用地规划许可阶段，以发改立项统一的项目编号关联，将这两个阶段的工程建设项目、业务管理二维数据、三维模型数据进行关联管理。在建设工程规划许可、竣工验收阶段，项目通常拆分为工程，以项目编号和工程编号为关联，将这两个阶段的 BIM 分层按场地元素、建筑单体、楼板（层）、户（区域）、构件等进行关联管理，最终与不动产的宗地、自然幢、楼层、户单元等数据关联。

通过各业务阶段的数据相关联，保证工程建设项目数据的正确性、完整性和时效性，同时可以实现对项目、工程在各生命周期环节状态和属性的记录、回溯、查询、统计和分析。

工程建设项目中的 CAD 生产数据在生产环节处理，使生产库和管理库分离，项目报建以符合 CIM 数据标准的格式上报，原始的 CAD 生产数据留在生产库。

9.1.1.5 构建 CIM 数据治理闭环

将业务化、碎片化的工程建设项目数据经过分层治理，基于统一的坐标系实现公共基础区域数据的动态更新，支撑规划编制与工程建设项目生成、选址等应用，形成 CIM 治理与应用的闭环。

一方面，工程建设项目策划生成阶段的合规性审查、立项用地规划许可阶段的项目红线范围获取等需要依赖规划编制数据和现状调查底版数据。另一方面，工程建设项目在竣工验收阶段的竣工测量数据（包括土地、房屋、交通及设施、管线管廊、绿地植被、水系及水利工程、地形更新测量成果、规划条件核实、竣工验收 BIM 成果等），可以经自动清洗、分类转换，促进动态更新时空基础数据和现状数据（包括用地现状、房屋二维矢量三维模型、交通及设施、管线管廊二维矢量三维模型、绿地植被二维矢量三维模型、水系及水利工程二维矢量三维模型、DEM 与等高线、地名地址二维矢量等），从而反馈支撑规划辅助编制与智能审查，由此形成 CIM 治理与应用的闭环（见图 9-2）。

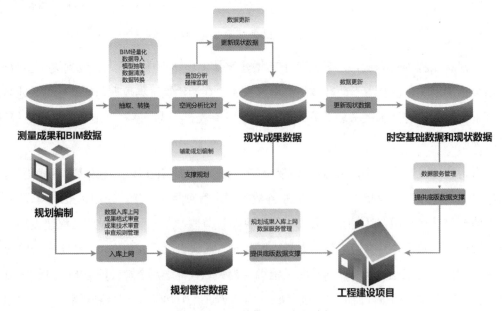

图 9-2　CIM 数据治理应用功能

依托 CIM 平台提供的 BIM 轻量化、数据导入、模型抽取、数据清洗、数据转换功能，将竣工验收阶段多测合一的测量成果及 BIM 数据进行动态抽取、转换，基于平台的叠加分析、碰撞检测功能，将竣工测量成果与现状成果数据进行空间分析；基于平台的数据更新功能完成现状成果数据库的更新，通过辅助规划编制功能，进一步支撑各类规划的编制。

一方面，更新的时空基础数据和现状数据，通过平台的数据服务管理功能为项目立项用地规划许可及建设工程规划许可阶段的规划条件分析、合规性检测提供底版数据支持。

另一方面，各类规划编制成果依托 CIM 平台提供的规划成果审查、入库上网功能进行统一入库管理，并通过平台的数据服务管理功能为项目立项用地规划许可及建设工程规划许可阶段的规划条件分析、合规性检测提供底版数据支持。构建数据闭环的 CIM 治理运维机制，以竣工测量数据增量更新的方式，解决了目前以资源普查、调查进行现状数据更新，造成数据冗余、经费投入巨大的弊端，同时也为规划编制、工程建设项目智能审查审批提供时效性强、准确性高的数据。

9.1.1.6　持续开展历史数据整理

持续开展 CIM 数据整理工作，完成历史数据整理、项目化串接、档案空间信息导入及在线调阅等工作，由此解决自然资源数据体系不完善、历史数据价值未能有效发挥、审批数据未能项目化管理、档案信息利用存在壁垒等问题。

9.1.2　CIM 数据共享与安全保密

9.1.2.1　数据保密要求

CIM 平台作为智慧城市数字底版和国家数据安全保密要求在一定程度上具备矛盾，需探索在满足保密要求条件下推进数据有条件共享或充分共享。为更好发挥 CIM 平台作为数字底版的作用，建议根据《测绘地理信息管理工作国家秘密范围的规定》等国家空间数据相关保密要求，探索 CIM 平台数字底版数据的脱密和安全防护措施。

9.1.2.2　数据共享方式

结合 CIM 平台建设需要，根据"谁提供、谁负责、谁维护""一数一源、共建共享"的原则，制定 CIM 平台数据共享资源清单，通过明确共享数据项、数据类型、数据格式或服务类型、数据提供方式及保密要求，提高 CIM 平台作为规划资源板块数字底版的能力。

CIM 平台数据共享包含在线共享和离线拷贝两种方式。在线共享主要以提供数据服务的方式，通过设置分级授权进行服务共享。CIM 数据共享服务的类别主要有网络地图服务（WMS）、基于缓存的网络地图服务（WMS-C）、网络瓦片地图服务（WMTS）、网络要素服务（WFS）、网络覆盖服务（WCS）、网络地名地址要素服务（WFS-G）、索引3D 场景服务（I3S）、3DTiles 服务。离线拷贝可通过移动介质拷贝共享 CIM 数据。结合25km^2 数据保密规定要求，基于区块链技术，设计海量 CIM 数据分级授权交易的多层区块链模型，包括身份认证、智能合约、访问控制机制、数据存储模型设计等，实现 CIM数据上传、分发等安全加密与交易记账信息管理等。

9.1.3　CIM 平台建设

9.1.3.1　领导和协调机制

CIM 平台建设涉及的数据及业务都跨越不同行业，主管部门、市区分局，跨部门的合作效率尤为重要，建议由市委市政府明确牵头部门，制定领导和协调机制，如广州市就成立了 CIM 专责小组。

9.1.3.2　构建 CIM 数据库

构建 CIM 数据库能够支撑多源异构数据的融合，CIM 数据库中具有非常复杂的数据来源，这些数据存放在不同的地理位置、不同的数据库、不同的应用之中，从这些业务系统对数据进行抽取并不是一件容易的事。因此，设立 CIM 数据库用于存放从业务系统直接抽取出来的数据，这些数据从数据结构、数据之间的逻辑关系上都与业务系统基本保持一致，因此在抽取过程中极大降低了数据转化的复杂性，CIM 数据库主要关注数据抽取的接口、数据量大小、抽取方式等方面的问题。

CIM 数据库模型设计的目标是做到真实、全面、一致。

（1）真实：真正来源于生产源系统的数据。

（2）全面：全面覆盖大数据平台业务场景的数据。

（3）一致：与源系统数据结构和关系保持一致的数据

CIM 数据库数据来源于业务系统的明细数据，数据格式复杂、数据量巨大，CIM 数据库数据关注的是数据源的接口、数据量大小、抽取方式、抽取性能等方面，为了更好地降低数据转换的复杂性，CIM 数据库设计秉承以下原则。

（1）数据结构与源系统数据结构保持一致。

（2）数据结构与源系统数据逻辑关系保持一致。

（3）CIM 数据库为数据中台原始数据的全量保留层。

9.1.4　CIM 平台协同应用

CIM 平台与专业领域模型的叠加、数据上的关联（如一标三实、水务数据）、部门间的协同等各方面在协同应用上存在一定困难，建议采用大数据分布式存储、消息分发、映射模型等技术方法解决。

9.2　CIM 平台发展机遇与展望

9.2.1　政策优势

政策鼓励是产业发展的重要推动力之一，近年来，党中央、国务院、有关部委发布的《关于开展城市信息模型（CIM）基础平台建设的指导意见》《关于加快推进新型城市基础设施建设的指导意见》《关于推动智能建造与建筑工业化协同发展的指导意见》等多个文件，大力推进了 CIM 基础平台建设，推进了 CIM 在城市多个领域广泛应用。

"十四五"规划纲要更进一步明确了建设智慧城市，需完善城市信息模型平台和运行管理服务平台，构建城市数据资源体系，推进城市数据大脑建设。CIM 平台通过数字化助推城乡发展和治理模式创新，全面提高城市运行效率和宜居度，分级分类推进新型智慧城市建设，将物联网感知设施、通信系统等纳入公共基础设施统一规划建设，推进市政公用设施、建筑等物联网应用和智能化改造，并通过提供智能交通、智慧社区、智慧政务等数字化应用场景，推动交通出行、社区生活服务、社区治理及公共服务等各类场景数字化，丰富人们的数字生活体验，打造智慧共享、和睦共治的新型数字生活，加快数字社会建设步伐。同时，CIM 平台可结合云计算、大数据、物联网、工业互联网、区块链、人工智能、虚拟现实和增强现实等数字经济重点产业，充分发挥海量数据和丰富应用场景优势，促进数字技术与实体经济深度融合，赋能传统产业转型升级，催生新产业、新业态、新模式，壮大经济发展新引擎的要求，打造数字经济新优势。

在多个政策鼓励和"十四五"规划纲要的指导下，CIM 必然焕发出更强的生命力，开拓崭新的未来。

9.2.2 技术发展

CIM 平台的建设和发展，离不开技术的支持。现如今，基于 BIM、物联网、边缘计算、云计算等新一代信息技术集成应用的智慧体系正在逐步形成，这些技术的研究和发展支撑着 CIM 平台的建设，进而推动智慧城市、数字中国的建设。

BIM 作为 CIM 的细胞，其技术的协同性、可视化等优势，可以进一步丰富 CIM 的内涵，构建出更精细的城市信息模型，并实现各方并联式审批和监管等业务功能，全面提升城市空间利用价值。而随着物联网、移动应用等新的客户端技术的迅速发展与普及，BIM 依托云计算和大数据等服务端技术实现了真正的协同，满足了工程现场数据和信息的实时采集、高效分析、及时发布和随时获取，形成了"云加端"的应用模式。这种基于网络的多方协同应用方式与 BIM 技术集成应用，形成优势互补，为实现工地现场不同参与者之间的实时协同与共享，以及对现场管理过程的实时监控都起到了显著作用，基于云计算的部署模式未来将主导 BIM 市场，为 CIM 发展提供强有力的支撑。

物联网把电子、通信、计算机三大领域的技术融合起来，采集和传递相关实物动态状态变化的信息，能够及时且透彻地感知建筑、桥梁、地下空间设施、地上基础设施、植被、水体、各类设备等物理实体对象的运行状况，以及各类法人与自然人的生产、生活活动，为 CIM 提供"能量"，并通过海量物联感知信息的积累和机器学习，提高问题识别、预测预警、运行评估的准确性，提高城市运行保障能力。现今，物联网产业持续保持高热度，供给侧关键环节发展迅速，需求侧拉动能力不断升级，巨头企业强化关键环节布局，围绕平台的生态竞争激烈，物联网行业发展的内生动力正在不断增强，连接技术不断突破，低功耗广域网全球商用化进程不断加速，区块链、边缘计算、人工智能等新技术题材不断注入物联网，为物联网带来新的创新活力，新产品、新服务和新业态不断涌现，在家庭和公共服务多个领域加快普及。物联网技术的普及将进一步加快 CIM 的推广应用。

边缘计算+云计算助力 CIM 大数据分析。CIM 涉及海量数据计算分析（如模型的面积、交通视频监控数据等），通过在各类智能感知设备上部署初步计算，进行数据过滤，完成数据清洗，利用云计算的虚拟、分布等特点，形成大规模、群体的计算能力，将"边缘计算+CIM 资源分中心云计算"之后的计算结果再输入 CIM 云平台，可有效降低数据处理中心的计算任务，大大提高 CIM 云平台数据分析应用能力。

集成新型测绘遥感技术，提升 CIM 数据采集更新能力。城市数据具有体量大、种类多、价值密度低等特点，这些特点为用户处理空间大数据带来了诸多困难。如何在大体量的城市空间大数据中，通过高效的挖掘工具或挖掘方法实现城市数据采集获取，是一个重要的研究内容。城市数据采集系统主要依托于城市级物联网监测网络实现对城市海量异构多源数据采集获取，实现对城市人口、法人、地理信息、宏观经济及城市运行状态等的汇聚。集成物联网技术、测绘遥感技术、BIM 设计建模技术等动态采集技术，更新 CIM 资源能力将会使城市信息数据的采集与获取变得越来越高效便捷。

应用机器学习技术助力 CIM 优化城市规划与审批提质增速。在区域详细规划、工程建设项目策划选址和设计方案报建审查（工程规划许可）等应用场景中，可应用机器学习算法（人工智能）让 CIM 系统自我学习其他区域详细规划优秀案例、历史项目选址和设计方案，形成规划、选址与审查的规则与知识并迭代演进，不断完善，未来实现 CIM 对城市详细规划评价与布局优化，项目智能选址（定性合规、宜居宜业、效益最大）和规划报建审批提质增速。

CIM 建设汇聚 BIM、物联网、边缘计算、云计算等新一代信息技术，既是跨行业融合的智慧城市的基石和底版，也是推动城市建设高质量发展的重要抓手，更是带动我国在 21 世纪新型产业升级的持续引擎，将探索基于信息融合创新的新产业培育发展路径。CIM 在各行各业的应用不断深化，将催生大量的新技术、新产品、新应用、新模式。

9.2.3 需求驱动

随着国家层面多项支持 CIM 平台建设发展政策文件的发布，广州、南京两个试点城市的 CIM 平台已进入运行阶段，全国各地多个城市也已积极启动了 CIM 建设工作，而 BIM、IoT 等相关技术的发展也将持续推动着 CIM 平台的发展与完善。CIM 平台则是涵盖城市规划、建设、运营和管理中涉及的各个领域业务应用的软件平台，因此各领域对 CIM 平台的应用需求也是平台发展的重要驱动力，可以从以下共性需求入手，然后逐步增加地方个性需求。

9.2.3.1 城市安全管理

城市安全是"新城建"中明确提出的 CIM 平台未来深化应用的重点领域。房屋建筑是城市的重要组成部分之一，关乎着百姓生命财产安全。20 世纪 80 年代，随着我国经济的快速增长和城市化进程的快速推进催生了大量快餐式建筑，这些建筑普遍存在设计和施工工艺标准低、所用建筑材料质量相对差等系列问题[31]，这让许多过去已建成的既有老旧建筑虽然未达到使用年限，但其性能有些已不满足现在的使用要求。近年来我国多个城市地区相继发生老旧建筑因出现裂缝、倾斜、位移，最后建筑倒塌的事故，给人民人身安全带来危害，造成了巨大的财产损失。因此，老旧建筑的健康问题引起了全社会的关注，对既有建筑的检测监测和健康评估越来越受到人们的重视。

基于 CIM 平台，对老旧建筑的位移、倾斜、沉降、裂纹、应力应变等形变数据进行采集，读取与统计，支持对监测规则进行配置。通过对监测指标数据的提取和计算，完成房屋完损等级、房屋危险性、房屋可靠性的分析，并生成相应分析报告的功能，实现对老旧建筑的安全监测预警、预警提醒和可视化展示等功能，从源头上对城市安全风险实现源头管控、过程监测、预报预警和应急处置。

9.2.3.2　消防防灾监测

城市消防减灾全过程是一个由灾害勘查、评价、监测、预报、防灾、抗灾、救灾诸环节环环相扣构成的自然—经济—社会系统工程，必须依赖于高水平的防灾、减灾管理水平。在城市快速发展下，各种高层、超高层及大型商业综合体的数量不断增多，城市地下轨道交通日益发达，客流量也随之增加，城市消防安全的风险系数持续上升，进一步使得消防安全问题更加突出。而防火监督管理难度大、消防安全管理要求高及消防信息化、智能化程度较低等问题制约了消防管理的发展。

CIM 平台具有共享汇聚融合消防、防灾减灾相关行业数据，物联感知数据资源和时空基础数据的能力，结合 GIS、IoT、计算机图形学技术、决策支持技术和三维可视化等技术，实现对消防数据的物联感知、智能感知，以及对灾害发生、过程及应急方案的仿真模拟，为相关管理部门提供管理大规模空间数据的能力，实现对火灾高风险场所及区域的动态监测、风险评估、灾害成因与发生机理的智能分析和灾害精准治理。

9.2.3.3　智慧工地

智慧工地是指运用信息化手段对工程项目进行精确设计和施工模拟，围绕施工过程管理，建立互联协调、智能生产、科学管理的施工项目信息化生态圈，并将此数据在虚拟现实环境下与物联网采集到的工程信息进行数据挖掘分析，提供过程趋势预测及专家预案，实现工程施工可视化智能管理，以提高工程管理信息化水平，从而逐步实现绿色制造和生态建造。

借助 CIM 技术，围绕着工地"人员、安全、进度、协同、环境"几个重要因素，基于 CIM 平台地形地貌、在建建筑的静态结构化数据及工地 IoT 的动态感知数据等数据资源，依托平台提供的叠加计算能力与三维可视化能力，有效辅助管理者更直观地对整个工地的施工机械进行实时监测、管理，转变建筑施工现场参建各方现场管理的交互方式、工作方式和管理模式。管理者还可通过 CIM 平台对工地安全管理进行模拟演练，防止重大安全事故发生，以实现安全、绿色施工的目的。

9.2.3.4 智慧园区/智慧社区

智慧园区是一个以园区为平台，通过感知、分析、整合和智慧响应，实现对园区内人和物及其行为的互通互联，提高园区的运行效率，服务于多个对象的多维立体的复杂系统。智慧社区是利用物联网、云计算、大数据、人工智能等新一代信息技术，融合社区场景下的人、事、地、物、情、组织等多种数据资源，提供面向政府、物业、居民和企业的社区管理与服务类应用，提升社区管理与服务的科学化、智能化、精细化水平，实现共建、共治、共享管理模式的一种社区。

CIM 平台可在数据资源、技术集成和可视化展示等方面为园区/社区的智慧化实现提供支持。CIM 平台汇聚智慧园区/社区实现业务协同联动和统筹管理所需的基础数据、运行状态数据和各项业务数据等数据资源，集成 IoT、云计算、大数据、GIS、BIM 等技术，支撑对园区建筑内外各专项管理业务的协同联动和统筹。CIM 平台所具备的对所有实体对象实现真三维级别的可视化表达能力可对园区内各类管理对象的各种信息进行展示，辅助管理人员全面掌控园区运行状态。

园区/社区是城市的"细胞"，基于 CIM 平台构建的智慧园区/社区是智慧城市的重要表现形态，其体系结构与发展模式是智慧城市在一个小区域范围内的缩影，未来城市发展和管理可通过智慧园区/社区的建设牵引，拉动智慧城市建设，并将园区/社区的管理职能融入智慧城市的管理体系建设中去，实现园区/社区管理与城市化管理的高度融合。

9.2.3.5 智慧交通

智慧交通是解决交通拥堵、交通安全、交通节能减排的有效方式。智慧交通最重要的是要实现交通工具和道路的连接、信息交互，这离不开物联网技术的支撑。而车联网是物联网技术在智能交通领域的应用延伸，也因此车联网成了智慧交通的发展新动向。车联网是利用车载电子传感装置，通过移动通信技术、汽车导航系统、智能终端设备与信息网络平台，使车与路、车与车、车与人、车与城市之间实时联网，实现信息互联互通，从而对车、人、物、路、位置等进行有效的智能监控，调度，管理，最终实现车路协同，为智慧交通的落地应用奠定基础。

CIM 平台是城市三维空间模型和城市信息的有机综合体，为车路协同技术等应用提供了数字化的基础管理平台，能实时监测智能路侧设备的运行状态，完成智能路侧设备的信息流监测。同时 CIM 平台提供的可视化服务为车路协同应用建立了完整的虚拟模型，为管理者提供了一个包含逻辑关系的车路协同及其他交通设施设备的信息库，能够实现对车路协同中自动驾驶车辆运行状态、智能停车、智慧公交、自动驾驶测试等应用的三维可视化管理和应急响应。在紧急状况之后，相关部门可基于 CIM 平台完成精准的维护和紧急救援。

9.2.3.6 智慧水务

智慧水务是指运用物联网、云计算、大数据、空间地理信息集成等新一代信息技术，实时感知城镇水务系统的运行状态，通过数据分析对水务信息进行及时处理，提供辅助决策支持，形成融合智能感知、智能仿真、智能诊断、智能预警、智能调度、智能处置、智能控制和智能服务的全方位水务系统，从而实现水务系统全流程的科学化、精细化、智能化运行管理。

近年来，城市内涝引发的灾害事件频发。而引发城市内涝的原因多为城市排水能力不足，缺乏应急措施。借助 CIM 平台，可基于各类实时监控数据感知城市降水和排水状况的实时感知，并对城市内涝进行三维模拟展示，实现内涝预测预警和实时监测，辅助内涝应急抢险调度和日常联合调度。

9.2.4 CIM 平台展望

CIM 平台作为未来整个城市发展的基础数据底座，为"新城建"提供多维、立体、动态的基础模型，同时 CIM 平台的搭建，为城市级"新基建"打造的巨型"操作系统"提供了基础架构。因此，CIM 平台既是"新基建"需要重点完善的基础设施之一，也是系统推进"新城建"各项任务的重要基础。随着各项政策、标准等文件的颁布和实施，不仅推动了全国范围内 CIM 平台的建设进程，也催动了包括边缘计算、区块链在内的相关技术的飞速发展，CIM 在城市的规划、建设、运行、管理过程中涉及的各个领域的应用优势日益凸显。

通过建立完整的城市级信息模型，追求和验证已知信息与数据在城市治理中的作用与价值，人们可以更加理性、客观、全面地认知所生活的城市。同时，通过搭建 CIM 平台，使各个专业、各个领域成为城市发展的不同部门的协作者，能够更加有效、合理、持久地去开发城市，建设城市，运营城市，维护城市。各方通过实际的开发应用和真实场景的实践可以更好地认识未知领域，更加切实有效地推动 CIM 平台的应用与发展。

参考文献

[1] 李超迪. 数字城市地理空间框架的构建与实现[D]. 郑州：河南农业大学，2010.

[2] 陶飞，刘蔚然，刘检华，等.数字孪生及其应用探索[J]. 计算机集成制造系统，2018，24(1): 1-18.

[3] 高艳华，陈才，张育雄，等. 数字孪生城市研究报告（2018 年）[R]. 北京：中国信息通信研究院，2018.

[4] 达索系统和新加坡政府合作开发"虚拟新加坡"首创性的虚拟新加坡平台可解决新加坡面临的新型复杂难题[J]. 土木建筑工程信息技术，2015，7(4): 98.

[5] Lehner H, Dorffner L. Digital geoTwin Vienna: Towards a digital twin city as Geodata Hub[J].Journal of Photogrammetry, Remote Sensing and Geoinformation Science, 2020,88(1), 63–75.

[6] International Telecommunication Union, Internet Reports 2005: The Internet of things [R].Geneva: ITU, 2005.

[7] Commission of the European communities, COMMUNICATION FROM THE COMMISSION TO THE EUROPEAN PARLIAMENT,THE COUNCIL, THE EUROPEAN ECONOMIC AND SOCIAL COMMITTEE AND THE COMMITTEE OF THE REGIONS Internet of Things--An action plan for Europe [R]. Brussels, 18.6.2009 COM(2009)278 final.

[8] 刘智勇. 物联网技术在智慧城市建设中的应用[J]. 现代盐化工，2020，47(4): 74-75.

[9] Yun M, Yuxin B. Research on the architecture and key technology of Internet of Things (IoT) applied on smart grid[C]//2010 international conference on advances in energy engineering. IEEE, 2010: 69-72.

[10] 李航，陈后金. 物联网的关键技术及其应用前景[J]. 中国科技论坛，2011(1): 81-85.

[11] 邬贺铨. 物联网的应用与挑战综述[J]. 重庆邮电大学学报（自然科学版），2010，22(05): 526-531.

[12] 李晓理，张博，王康，等. 人工智能的发展及应用[J]. 北京工业大学学报，2020，46(6): 583-590.

[13] Newell A, Simon H. The logic theory machine--A complex information processing system[J]. IRE Transactions on information theory, 1956, 2(3): 61-79.

[14] McCarthy J. Recursive functions of symbolic expressions and their computation by machine, part I[J]. Communications of the ACM, 1960, 3(4): 184-195.

[15] Feigenbaum E A. The art of artificial intelligence. 1. Themes and case studies of knowledge engineering[R]. Stanford Univ CA Dept of Computer Science, 1977.

[16] Srivastava S, Vargas-Munoz J E, Tuia D. Understanding urban landuse from the above and ground perspectives: A deep learning, multimodal solution[J]. Remote sensing of environment, 2019(228): 129-143.

[17] 赵鹏军，曹毓书. 基于多源地理大数据与机器学习的地铁乘客出行目的识别方法[J]. 地球信息科学学报，2020，22(9): 1753-1765.

[18] 徐伟. 基于机器学习的共享单车热点区域识别及需求预测[J]. 综合运输，2019，41(5): 29-34.

[19] Chen M, Ma Y, Song J, et al. Smart clothing: Connecting human with clouds and big data for sustainable health monitoring[J]. Mobile Networks and Applications, 2016, 21(5): 825-845.

[20] 李克强，戴一凡，李升波，等. 智能网联汽车（ICV）技术的发展现状及趋势[J]. 汽车安全与节能学报，2017，8(1): 1-14.

[21] ISO. Building construction-Organization of information about construction works-Part 2: Framework for classification: ISO 12006-2 [S]. Switzerland: ISO, 2015.

[22] 杨新新，包世泰，虞国明，等. 城市信息模型（CIM）概论[M]. 北京: 中国电力出版社，2022.

[23] 住房和城乡建设部，城市信息模型（CIM）基础平台技术导则（修订版）[J]. 工程建设标准化，2021(11): 60.

[24] 季珏，汪科，王梓豪，等. 赋能智慧城市建设的城市信息模型（CIM）的内涵及关键技术探究[J]. 城市发展研究，2021，28(3): 65-68.

[25] 中华人民共和国住房和城乡建设部,中华人民共和国国家质量监督检验检疫总局. 建筑信息模型分类和编码: GB/T 51269—2017 [S]. 北京：中国建筑工业出版社，2017.

[26] 张志伟，王珩玮，林佳瑞，等. 面向全生命期管理的水电工程信息分类编码研究[J]. 工程管理学报，2017，31(4): 131-136.

[27] 李云贵. 中美英 BIM 标准与技术政策[M]. 北京: 中国建筑工业出版社，2018.

[28] 王永海，姚玲，陈顺清，等. 城市信息模型（CIM）分级分类研究[J]. 图学学报，2021，42(6): 995-1001.

[29] 朱秀丽，李莉. UML 在研建地理信息标准体系中的应用[J]. 测绘通报，2012(4): 33-37.

[30] 蒋莎，郭太勇，陈建民，等. 既有房屋倒塌事故原因分析及对策[J]. 江苏建筑，2015，(z1): 14-16.